〔波兰〕沃伊切赫·米科乌什科 著

出去玩吧

孙伟峰 王 珺 等译

北京联合出版公司
Beijing United Publishing Co.,Ltd.

目录

出门向左5步即自然

"卡茨皮尔，在写'田野'这个词时，一定要注意，不要把'野'字写错了，这个字比较难写。"我一边看卡茨皮尔画画，一边说道。卡茨皮尔画的是生活在草原上和田野里的小动物，这是他为自然课准备的宣传画。

"知道了，知道了，再说我也没写错啊！"卡茨皮尔小声嘟囔着。显然，他不满意我只关心字的对与错，却不关心他画的是什么。因此，他觉得有必要把他想画的东西说给我听：

"爸爸你看，在右边这棵树上我要画一只横纹金蛛。"他用手指着画纸右侧的树说道，"这棵树下是一只松鸡，画面底下我要画一片草原，然后这边的草叶上我要画几只蚜虫，这里有一个田鼠洞，在洞口我想画一只田鼠，再在旁边的花瓣上画一只甲壳虫，而左边的天空上我要画一只展翅翱翔的游隼。"

听着卡茨皮尔对画面结构和内容的介绍，我渐渐地对他的画有了兴趣。

"这里写的是什么？"我指着标题下面的一行字问，"我有点儿看不清楚。"

"好吧，我读给你听。"卡茨皮尔说完，就大声地朗读起来，"多数孩子只知道狮子、大象、长颈鹿等动物，而对自己国家的动物知之甚少。你们认为它们不好玩，没意思。你们错了，我相信一定有许多外国小朋友对它们感兴趣，而我们自己却没有关注到它们。"

"哎呀，卡茨皮尔，你说得太好了……"我赞叹道。

4

小时候，我非常喜欢到野外玩，就像卡茨皮尔认为的那样，大自然在我看来是那么令人神往。我在野外观察鸟、

多数的孩子只知道狮子、大象和长颈鹿等动物，而对自己国家的动物知之甚少。你们认为它们不好玩，没意思。你们错了，我相信一定有许多外国小朋友对它们感兴趣，而我们自己却没有关注到它们。

昆虫和两栖动物，比照着植物图鉴挨个儿确认植物的名字，我在大自然中学习、休息，从大自然中汲取力量。现在我有了卡茨皮尔、伊达和亚采克三个孩子，我常带他们去森林、河边或草原玩耍，我想和孩子们待在一起，一起去接触、认识和感受大自然。

孩子们爬树、蹚水、说说笑笑、边跑边聊，他们用望远镜认真地观察鹰和狼，可以一看就是几个小时。孩子们好奇心强，注意力集中，经常发现一些被大人们忽略的现象和动物。而且全家一起到野外游玩也让我有了很多新发现，我认为值得把这些发现与其他人分享一下，于是我注册了一个博客，连载了一些我们一家人出去旅行的游记，主题就叫作"野外探险"，主要记述我们一家人去森林、河边或者草原探险过程中发生的故事。

我从不一个人去旅行，出门旅行一定要带着孩子们，偶尔也会带上他们的表兄弟或朋友。正因为有了孩子们的陪伴，每次探险，无论是一只蜗牛、一条小蛇、一只慌慌张张的小鼹鼠，还是几片枯黄的树叶或是几枚橡果，都会给我带来不一样的感受，而我们的旅行每一次也都是欢乐无比，嬉笑不止。

就这样，我连续写了一年。记得最后一次旅行是在 2012 年 12 月 10 日。写完这次旅行的博文后，我决定旅行故事就此结束。我的博文很快便引起了一家出版社的关注，他们建议我把这些博文汇集成一本书出版。我认真考虑了对方的建议，在重新阅读了自己的文章后，我欣喜地发现，这些博文写的正好是一年的旅行故事，它们勾勒出一幅幅有趣的野外图画，反映了四季的轮转和气候变化。于是我对博文进行了斟酌和仔细修改，然后在原有的旅行故事的基础上，又增添了三个故事。

这三个故事中有两个发生在美国的马萨诸塞州，当时我们正在美国度假，我觉得这两次境外旅行一定要添加到新书中，以此告诉孩子们：即使是在海滩或者度假村，一样可以进行妙趣横生的大自然探索之旅。

除了这两次境外旅行，其余的旅行都是在国内进行的。我们的旅行是从首都华沙附近的森林开始，从这里开始是因为我们住在华沙。我们驱车去过波德拉谢——孩子们的祖父住在那儿。我们还去过波罗的海海滨，参加了一个科普活动——给候鸟上脚环。我觉得，卡茨皮尔在宣传画上题词也是新书的一个非常好的素材。确实，很多孩子都不知道，在他们身边就有很多有趣的观察动物和植物的地方，比如公园、采矿场或者阳台上的喂鸟槽等，只要留心观察就一定会有所发现。

现在，就请大家跟着我们一起出去玩吧！出发！

鸟窝真是一件艺术品

> 秋天到了，鸟儿们都飞走了，鸟窝已经被弃用了，这时就可以收集鸟窝了。

"我找到了！我找到了！"伊达高兴地喊道，"爸爸，快过来，快帮我把它摘下来！"

我小跑着跟在她的身后，脚下的树叶被我们踩得"沙沙"作响。伊达激动地挥舞着双手，鸟窝就在一棵小桦树的最高处，伊达和她的同学艾薇丽娜一起发现了它。

"哦，不行……"我叹了一口气，"你们自己想办法吧。"

"可是，刚才你都帮卡茨皮尔把鸟窝摘下来了。"伊达生气地说。

"爸爸是帮我把鸟窝摘下来了，可他也把我的鸟窝弄坏了啊。"卡茨皮尔也跟过来，表情沮丧地说道。

我刚刚确实把卡茨皮尔发现的鸟窝弄坏了，他在一棵小桦树上找到了一个鸟窝，想让我帮他摘下来。由于不太想爬树，我就用一根长木棍直接把鸟窝捅下来了，结果鸟窝掉在地上摔坏了。

"好吧，那我就自己摘吧……"伊达说完，就和艾薇丽娜去找木棍。看来她也想用木棍把鸟窝捅下来。

卡茨皮尔和伊达分别带着自己的朋友在森林里到处找鸟窝。而我和妻子，还有亚采克留了下来——亚采克才3个月，正在婴儿车里呼呼大睡。今天天气不好，下着冷冷的小雨。森林里什么动物也没有，树叶都掉光了，光秃秃的树枝上没有雪，树木的颜色也是灰蒙蒙的，让人看上去有些伤感。

本来孩子们不想出来，我硬把他们拉出了家门。事实证明出来玩是对的，大家都玩得很开心。一进入森林，我们就在一个灌木丛里找到了一个鸟窝——这好像是黄鹂鸟的窝，这个鸟窝很有特点，鸟儿在筑窝的材料中特意加入了尼龙绳。随后，我们又发现了一个，这可能是斛鸫的窝，不过也有可能是乌鸫的。斛鸫和乌鸫都属于鸫鸟科，这类鸟的鸣叫声非常悦耳。斛鸫鸟和乌鸫鸟的窝很容易从众多的鸟窝中辨认出来，因为它们的窝都比较大，而且通常是用黏土和木屑建成的。

树棍或草叶

鸟窝真是一件艺术品！鸟儿们用下面的一些材料建造自己的小窝：

苔藓
碎树枝

细绳
衣服的线头

不导电的絮状物

过了几分钟，我们又在一棵树上发现了一个鸟窝，接着在一棵浓密的刺柏树上也发现了一个。

"寒冷的冬天里，怎么有这么多鸟窝呢？"伊达好奇地问。

"我想，大概是这些鸟儿在冬天里需要一个温暖的地方睡觉吧。"艾薇丽娜试着解释道。

我笑了，如果还有鸟儿住在这里，我怎么会让孩子们碰它们呢？鸟窝没有了，鸟儿就没有地方过冬了，那怎么能行？所以，我们对有鸟儿住的鸟窝碰都没碰一下，让它们维持原样。

鸟儿们通常在春天筑巢，它们喜欢把窝藏在浓密的枝叶里，以避免让那些以幼鸟或鸟蛋为食的动物找到窝里的鸟蛋或者幼鸟。当秋天一到，树叶渐渐变黄，纷纷落下，因为此时冬雪还未落下，这些鸟窝就很容易被发现。

有一些体形较大的鸟儿，比如鹳或者是鹰，它们无论冬夏都会保护自己的巢穴，不让天敌接近。

鸟儿通常会在一个窝里住很多年。例如燕子，它们搭建的黏土窝很结实，因此，它们会在窝里住很多年。也有一些鸟儿造的草窝通常只用一年，这些鸟儿认为自己建造的鸟窝可能会在冬天被风吹落或是被人拿走，所以第二年春天，它们就会另找一个地方，做一个新窝，这样鸟儿在筑窝时就只会选用细碎的草叶、一些细线和小树枝。这样的鸟窝在深秋时就可以完整地从树上取下来，但孩子们并没有把鸟窝取下来，因为这样的鸟窝很容易被弄坏。

鸟儿们建造的鸟窝的精细程度真令我们佩服啊！就连鸟窝里的小木棍儿都摆放得井井有条，鸟儿们通常还会在自己的窝里放一些毛茸茸的东西。就算是用黏土或木屑造窝的鸦鸟科鸟类也要在窝里放一些毛茸茸的东西，比如细绳、衣服上的线头、保温板上的玻璃棉等。

不同的鸟儿造的窝都不一样。我上高中时曾认真地研究过这些鸟窝，那时我在为奥林匹克生物学竞赛准备一篇关于鸟窝的论文，所以我经常去森林里，一边研究《波兰鸟类分布图》，一边到处找鸟窝。我仔细观察这些鸟窝，看它们和书中讲到的有什么不同。这些研究占用了我大量的时间和精力，所以我也就没有要求我的孩子们像我这样去做。我认为玩儿就是玩儿，不用研究什么鸟窝。

不过，这次孩子们没有缠着我，而是自己玩，他们开始比赛，看看谁摘到的鸟窝最多。伊达和艾薇丽娜为了赢得比赛，竟然找了一根近四米长的木棍，她们用这根木棍可以直接把鸟窝捅下来。我认为她两做得有些过分，大家出来玩应该是高高兴兴地欣赏大自然的美丽风光，而不是为了摘鸟窝而比个你输我赢。

鹳巢

燕窝

喂！大家注意啊！不要动鹳巢、鹰巢或者燕窝，这些鸟巢它们每年都要回来居住的。

"咯吱咯吱！"
雪花真神奇

1月15日
地点：
马佐夫舍
【波兰】

气温刚刚零度以下时，小雪片外面包裹着薄薄的一层水，相互间比较润滑，

这时雪花之间会相互挤压并发出"咯吱咯吱"的声音。

"爸爸，爸爸！一起来玩雪橇呀！"孩子们喊道。

"我不去啦！爸爸感冒了……"我咳嗽着说。于是孩子们自己跑去玩雪了。

这是我们今年第一次到白雪皑皑的森林里玩儿，轻盈的雪花不紧不慢地飘着，一点点铺满大地。现在雪已经下完了，有了雪就能观赏动物的足迹了，这是我提前计划好的活动。

现在，亚采克在婴儿车里乖乖地睡觉，而伊达、卡茨皮尔和他们的朋友考斯玛在森林里跑着玩儿。他们会在我身边不时出现，有时会拉着小雪橇，有时会相互扔着雪球，他们喊叫着，然后从我眼前跑远。雪让他们兴奋，让他们忘记了周围的一切，动物、脚印、痕迹，等等，都在他们的世界中消失了。

雪也是大自然的产物啊，虽然雪不是动物或者植物，甚至没有生命，但又有什么关系呢？只要孩子们玩得开心就行了。其实，雪不也是值得好好研究的吗？

雪出生在离我们头顶很远的云朵里，这些云朵是由一颗颗水珠组成的。在温度降到凝固点（0℃）以下时，云里的水珠就会变成一颗颗小小的冰晶，每一颗冰晶的形状都是独一无二的，有的像硬币，有的像六角星，有的像纸片，有的像圆柱体，还有的像针或花蕊……当这些小冰晶多到云朵也无法承受它们的重量时，它们就洋洋洒洒地飘落下来，有时一些小冰晶会组合在一起，变成一大片雪花。

一片片雪花形状各异，当降落到地面时，它们已经变成了不同的样子。这时地面的气温刚刚达到凝固点，雪花外面包裹着薄薄的一层像润滑油一样的水，同时彼此之间

有较大的空间，含有较多的空气，所以我们可以很容易地把蓬松的雪攒成雪球，走路时也能轻松地把它们踩实。当我们踩在雪面上时，因为雪花外面包裹的水起到了润滑作用，所以雪花之间的挤压并不那么强烈，会发出"咯吱咯吱"的声响。

如果我们近距离观察雪花，你会发现它们是一颗颗晶莹剔透的小冰晶。但是，如果有很多雪花堆积在一起时，它们就变成了白色的。这是一个有意思的物理现象：雪花的表面是凹凸不平的，可以反射太阳光，所以当这些雪花彼此堆叠，一起反射照在它们身上的阳光时，就会发生散射现象，从而展现出各种各样的颜色。而这些颜色混合在一起，反应在我们眼睛中就是耀眼得让人感觉不舒服的白色。

雪花还有一个奇怪现象，就是它有保温作用。雪的本质是冰，是又冷又凉的，但雪花覆盖在大地上，就像是给大地盖了一层棉被。如果雪层足够厚的话，就可以保护雪层下面的动植物免受寒冷的侵害。而如果没有雪的保护，当气温降到零下几十度时，许多动植物就会被冻死或冻伤。

对于孩子们来说，雪就是最好的玩具，无论什么时候他们都不会缺少关于玩雪的奇思妙想。因此，我们觉得这次雪后的森林旅行，绝对是最好的选择。

刚刚下了厚厚的一层雪。

厚厚的雪层像一层棉被一样，保护雪层下面的动植物免受寒冷的侵害。

冰晶的形状各异，有的像硬币，有的像六角星，有的像纸片，有的像圆柱体，还有的像针或花蕊……

电子显微镜下放大数倍的雪花高清图

9

寒鸦的领地

1月20日
地点：华沙
【波兰】

麻雀

"爸爸，快过来看！这儿有一只寒鸦！"伊达和卡茨皮尔激动地喊道。

"哦，只是一只寒鸦啊……"我回复了一句，但是没动地方。

"爸爸，快来看呀！"孩子们再次喊我过去。

没办法，我站起身走到窗前。的确，在阳台上我们为鸟儿准备的食盒里落着一只寒鸦，不一会儿，又飞来了两只。

"相比寒鸦，我更喜欢山雀……"我大声地说道。

"可是爸爸，你看这几只寒鸦多可爱呀！"孩子们对我的话感到大惑不解。

"好，你们说的对，它们的确很可爱……"我望着阳台上的这几位客人，叹了口气。

我们家住在华沙市里，离公园和森林都比较远。从窗户向外看去，看到的都是一栋栋的灰色楼房，很少有鸟儿能找到我们在阳台上放置的食盒。每年冬天，我们都在食盒里放一些谷粒、葵花籽、亚麻籽和大麻籽等鸟儿爱吃的谷物。当胖乎乎的山雀或者是蓝山雀飞来找食儿吃时，我就感到非常高兴，它们让我想起森林和田野。它们是那么聪明，羽毛色彩斑斓，就像小孩子一样可爱、有趣。当不是本地的一些鸟类——如麻雀、喜鹊或寒鸦来吃食物的时候，我就不那么高兴了。伊达和卡茨皮尔却没有不喜欢的，只要有鸟儿飞来吃食他们就很开心。

受孩子们的影响，我查找了一下寒鸦的资料。原来寒鸦和某些种类的乌鸦一样，是世界上最具智慧的鸟类之一。城市里的寒鸦是在第二次世界大战之后才出现的。起初寒鸦聚居在树洞或山崖的缝隙里，战争结束后，当人们清理垃圾和废墟，重建城市的时候，寒鸦们就在残垣断壁中留下来了，而且很快就适应了城市的生活。聪明的头脑帮助了它们，它们喜欢居住在通风管道、楼顶烟囱和建筑物的缝隙里。当缺少这些比较隐秘的住所时，寒鸦们也会住在人造鸟屋里，有时还会霸占秃鼻乌鸦的窝。

寒鸦过着群居生活，鸦群中等级森严，每一只寒鸦的地位都不一样，也都有自己的领地，而且领地可以在父子间继承。寒鸦善于学习，它们向自己的父母或者其他同类学习，学习如何进食、如何辨别天敌、如何说本地寒鸦语言等。

在喂养雏鸟期间，寒鸦父母需要找到大量食物。它们最喜欢的食物是植物，也会捕捉一些昆虫及其幼虫，有时甚至会以其他鸟类的幼鸟或者鼠类为食。在秋季和冬季，一些寒鸦会迁徙到遥远温暖的国度，而留下的寒鸦则会毫不客气地占据迁徙寒鸦的领地。

冬天，留下的寒鸦们很难找到食物，因此它们喜欢盯着人类的窗台和阳台，那里一般都会有装着它们最喜欢的碎谷粒的食盒。冬天，寒鸦们会成群结队地飞到准备好的食盒里，美美地吃上一顿。

我们很难注意到寒鸦的领地变化，冬天成群出来觅食的黑灰色寒鸦落在雪地上，十分显眼，甚至我们会因此产生错觉，觉得冬日里寒鸦的数量比夏天还要多一些。

虽然寒鸦们不像山雀那样可爱、美丽，但是观察它们吃食也是一件愉快的事儿。孩子们把我说服了，寒鸦果然是相当有趣的。

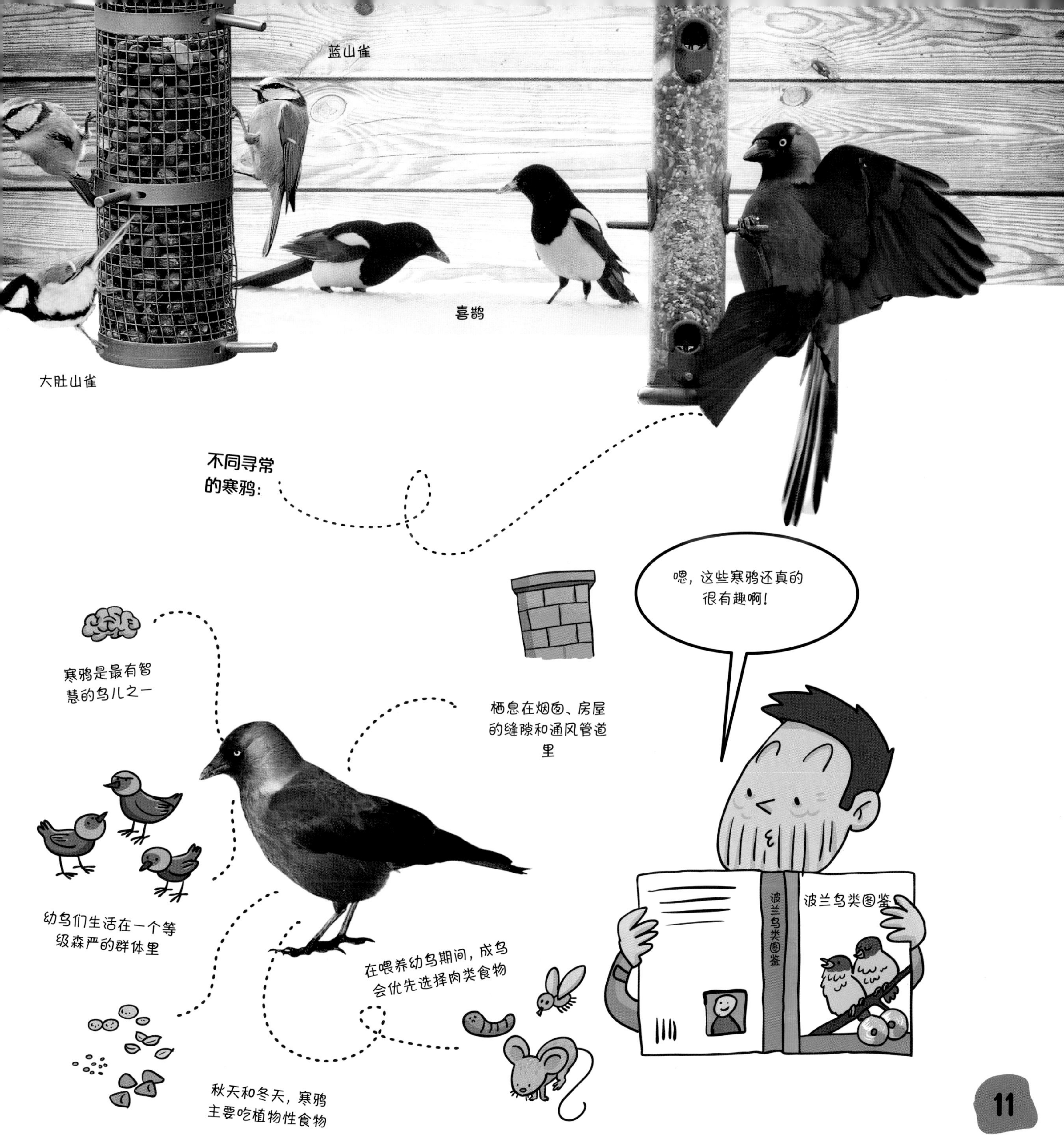

蓝山雀

大肚山雀

喜鹊

不同寻常
的寒鸦:

嗯，这些寒鸦还真的
很有趣啊！

寒鸦是最有智
慧的鸟儿之一

栖息在烟囱、房屋
的缝隙和通风管道
里

幼鸟们生活在一个等
级森严的群体里

在喂养幼鸟期间，成鸟
会优先选择肉类食物

波兰鸟类图鉴

秋天和冬天，寒鸦
主要吃植物性食物

找不到家的"迷糊鸟"

"哇哦！那是什么鸟？"看着院子里的鸟舍，我兴奋地叫了起来。

院子里的鸟舍是我和孩子们专门为鸟儿们建造的，因为我们觉得无论何时鸟儿们都该有一个休息和吃饭的地方。可是鸟舍完工后，却很少有鸟儿到鸟舍来，经常光顾的是生活在附近的那几只蓝山雀和大山雀，有时也有几只麻雀、寒鸦或是喜鹊造访。不过，当冬天来临时，特别是一场大雪过后，一切都变了。鸟舍一下子变得热闹极了，鸟儿们成群结队地飞过来，它们都十分警觉，一旦感觉到周围有危险就马上飞走。

没有想到，今天我看见了一只平时很少能见到的鸟。它长得比寒鸦小很多，又比麻雀大很多，一身红色的羽毛在鸟群中特别显眼。我轻轻地靠近鸟群，想仔细地观察这只鸟。

我看清楚了，不由得心里惊呼道："天啊！这竟是一只椋鸟！"

我非常确定，这就是一只纯正的椋鸟。此时，它正端坐在我们家的鸟舍里，梳理着自己的羽毛。冬天还能看见椋鸟，太令我震惊了。

椋鸟是一种候鸟，每年春天，它们从南方飞回来，秋天的时候再飞回南方。现在这个时节，它本应该在温暖的南方晒着太阳，吃着美味的葡萄（椋鸟很喜欢吃葡萄，所以葡萄酒生产者可不太喜欢椋鸟），可是这只椋鸟为什么会留在这里呢？大概它就是人们常说的"迷糊鸟"吧。

候鸟一般在秋天时会飞往南方过冬，然后在春天时再飞回北方。当然也有一些鸟儿好像是"迷糊"了，它们忘了飞往南方，到了雪花漫天飞舞的时候，这些"迷糊鸟"又冷又饿，很快就会死去。

最近几年，"迷糊鸟"们变得幸运多了，因为全球气候变暖，北方冬季的气温不是很低，鸟儿们不至于被冻死。而且越来越多的人愿意喂食鸟儿，他们在公园里安装鸟舍，撒上鸟儿们爱吃的面包屑，有时鸟儿们也可以在废品堆旁找到一些人们吃剩下的食物，所以这些"迷糊鸟"也不会因为没有食物而饿死。

鸟儿们忽然发现在北方过冬也挺好，于是"迷糊鸟"越来越多。比如在英国，本应该在非洲过冬的欧亚柳莺，现在更多的选择留在英国舒适的鸟舍里过冬；在美国，以往加拿大雁只是在波士顿的公园里歇一歇脚，便继续飞往南方，现在它们却更愿意留在公园里；在波兰，一些天鹅、绿头鸭和野雁也放弃了迁徙，选择留在波兰。

现在这些椋鸟，尤其是那些生活在城市里的椋鸟，有时就会选择留在波兰过冬。这只在我们家鸟舍中舒服地享用美食的家伙，肯定是那种不愿意迁徙的城市椋鸟。

有些鸟类学家对此表示担心，他们建议人们不要在冬天喂食鸟类，因为这会让更多种类的候鸟放弃迁徙。可是，我问过一些人，他们觉得给鸟儿喂食没有什么不好的，通过喂食，可以接触野生动物，感受它们的魅力，鸟儿们也感觉很好。但是，我们这样做可能会伤害到它们，我们喂食鸟类时必须遵守一定的原则。

首先，不能太早投放食物，如果真的这样做了，那么一部分鸟儿会认为可以轻松地找到食物，就会放弃迁徙，所以最好是在11月至12月间放置鸟舍，投放食物。这个时候，大部分候鸟已经迁徙，剩下的都是发现路途太漫长，放弃迁徙的鸟儿了。我们可以在食盒中放一些葵花籽、小米、大麻籽和亚麻籽，也可以挂点儿没有腌制过的生肉，而经过加工的，如腌制或熏制的食物，一定不要给鸟儿吃。此外，我们喂养鸟类一定要有始有终，要一直喂养到冬季结束，并且每隔一段时间就要打扫和擦洗一次食盒。

我严格遵守这些规则，这些鸟儿们给我和我的家人带来了很多欢乐，我觉得，这些鸟儿们应该也和我的家人一样，感到很快乐。

喂食鸟类的守则：

（1）晚点儿投放食物，最好在 11 月至 12 月间。

（2）将鸟舍挂到猫接触不到的地方。

（3）不要放置坏的、腌制过的食物，也不要放置油炸食品和火腿肠。

（4）规律性地放置健康的谷物，或者没有腌制过的生肥肉。

（5）要一直喂食到冬季结束。

这些鸟类会在迁徙途中歇脚：

溜冰鞋的秘密

2月12日
地点：马佐夫舍
〔波兰〕

"爸爸，你慢一点儿滑，像我这样就行。"伊达一边说，一边优雅地为我做着示范。

我自顾自地滑着冰，结果摔倒了，我喃喃自语道："我可不想滑得那么慢，我要追求速度！"

我已经很长时间没有这样摔倒过了。我双手撑着冰面，艰难地站了起来，腿有一点儿不听使唤。我看了看站在旁边的卡茨皮尔，他正幸灾乐祸地看着我。

我们常来这个湖边玩儿，冬天来了，湖面结了一层冰。湖面刚结冰时，孩子们就打算到冰上去玩，我坚决不同意。我听说这个季节有人到冰上玩儿，结果脚下的冰突然裂开，整个人掉进了寒冷的水中，那太可怕了。我的孩子们安慰我说："没事的，爸爸，不用担心！"他们不像我这么害怕。最后，我看到有人在冰上散步、滑雪和溜冰，才放下心来。这说明冰层够厚了。如果冰层太薄的话，这么多人站在冰上，冰早就裂了。在冰上一定要小心，即使是在看起来很厚的冰上也要注意，有些地方是不能走的。首先，不能在底下有流水的冰面上行走，流水会使冰层的厚度变得不均匀，万一走到冰层比较薄的地方就危险了。其次，在一些蓄水量大的地方，尤其是湖泊，我们尽量不要在它的冰面上行走，因为水量大会使冰层变薄，走上去比较危险。另外，如果发现有如下情况：如植物凸出冰面、冰面有裂缝和破损、冰下有气泡，或者由于积雪覆盖看不清冰下情况等，一定要远离这些地方。我和我的孩子们一直遵守这些规则，所以，我们在冰上玩儿的时候，不用担心会发生危险。后来，看到人们都在溜冰，孩子们也跃跃欲试。

一周之后，我和伊达忍不住了，带上了溜冰鞋来滑冰，再后来卡茨皮尔也和我们一起来这里滑冰。

玩儿当然是最重要的。但是借着玩儿的机会，了解一下水的特性不是更有意义吗？大部分的物质在凝固时，它们的体积会随之减少，而水正好相反，在凝固时，冰的体积会增加，因此冰的密度要小于水的密度。所以冰会浮在水面上，而不会沉到水底。冰聚集在一起，形成大的冰面，面积足够大时，我们就能在上面行走和奔跑。

科学家们一直以来都在探究为什么在冰上可以滑行。长期以来，人们认为是冰面上的水导致冰很滑。随着时间的推移，物理学家又认为是由于冰刀的压力导致冰面产生水（在压力影响下，冰会轻度融化），使得我们可以在冰上滑行。但是经过计算显示，这种压力太小，不足以形成足够多的水。此外，人们穿着宽底鞋在冰上也可以滑行，宽的鞋底就意味着相同的重量被分散在更大的面积上，这就会导致单位面积的压力很小，也不足以形成水。这些都说明，能够在冰上滑行和压力使冰面产生水没有直接联系。

因此，一些物理学家开始重新研究这个问题，他们认为，移动产生的摩擦力使我们能够在冰面上滑行。冰刀摩擦冰面产生热，冰的表面融化产生水，使我们可以在上边滑行。计算和实验都证明这种解释有一定道理，但有一件事无法解释，那就是当我们穿着正常的鞋在冰面上慢慢地走或是静止不动时，也会打滑。这种情况下是不会有那么大的摩擦力产生热量，使附近的冰融化的。

于是，一部分物理学家用一种新的原理来解释这种现象。他们说就算是在温度很低的情况下，冰面也会有一层非常薄的水层。冬季，冰面上的水分子与空气接触，它们的振动比其他分子更强烈，因此分子与分子之间不会紧密相连，这使得它们在低于零度时也不会结冰。因此，即使是站着不动，也会打滑。

还有科学家认为，能够在冰上滑行，也不排除是第二种和第三种原理同时起作用的结果。

看来，大自然永远值得我们去探索。

为什么溜冰鞋能在冰上滑行呢? 存在三种可能……

水分子

冰的分子

水分子

冰的分子

振动的水分子

冰的分子

1. 在压力作用下, 冰轻度融化, 形成水……但这么小的压力并不足以使我们能够滑行。

2. 滑行时摩擦产生的热量, 使冰面融化……但就算是穿着普通鞋行走(甚至是站立)也会打滑。

3. 就算是在极低的温度下, 冰面也会有一层很薄的水, 水分子会和空气接触, 但是因为这些水分子的振动比其他水分子更强烈, 所以就算是在很冷的时候它们也不会结冰。

爸爸, 你要慢点儿滑!

就像我这样!

就算是摔得很疼, 我也想滑得快点儿。

"可怜"的河狸

"爸爸，我的手套湿了……"

"那你用我的吧……"我把手套递给卡茨皮尔。

伊达叫嚷着："爸爸，我的手套也湿了。"

"卡茨皮尔，把一只手套给伊达，你戴另一只。"我想出了一个解决办法。

伊达又说："另外，我的外套也湿了。"

卡茨皮尔叹气说："还有我的鞋子，也是湿的……"

这我就没有办法了。这次来森林里玩儿可真是扫兴，雪下得太大，几乎什么都看不清，我用风帽把头捂得严严实实，摸索着向前走。孩子们在雪地上快步走着，手套、外套和鞋子都湿了。我们感到沮丧，开始抱怨起来。

这次出来玩儿，我们几乎什么都没看到，望远镜和照相机都没用上。我们开始怀念以前的森林旅行。记得刚下雪的那几天，大地覆盖着厚厚的一层白雪。有一天，我们看到一棵刚被动物啃咬过的树。树旁有一堆木屑，旁边的雪地上还有动物的脚印，一看就知道这都是河狸的杰作。

几十年前，波兰几乎见不到河狸这种动物，看起来它们似乎已经绝迹了。随后，因为实施了严格的保护措施，波兰的河狸数量慢慢恢复。现在，波兰到处可以见到河狸及其活动痕迹。河狸是穴居动物，就算是夏天也必须仔细

我的手套湿了。

我的也是，而且我的鞋子和外套也都湿了。

希望我回到家不用像河狸一样啃木头！希望有一顿大餐在等着我们。

16

冬天，河狸在饥饿的驱使下，会离开巢穴啃食附近的树木。它们最喜欢柔软的水生植物、杨树和柳树。当食物匮乏时，它们也不会放过桤木属或榛木属的植物。

观察才能找到它们。而在冬天几乎是看不到它们的，河狸不冬眠，但它们躲在自己的巢穴里过冬。河狸的巢穴是用木棍搭建的，这些木棍就是它们存储的食物，它们靠吃这些木棍过冬，通常它们从巢穴的中部开始吃，这样巢穴的空间就会越来越大。河狸也知道这样吃下去，巢穴会被吃垮，所以它们也会出去找食吃。

夏天，每过一段时间，就会有树枝从上游漂到河狸巢穴附近，河狸就会把它们吃掉或储存起来。冬天，如果天气允许或者河狸太饿了，它们就会走出巢穴，啃食巢穴附近的树木，有时也会潜入水下，找点儿食物填补空虚的胃。

这个时候，食物比较匮乏，它们就不再挑食，什么树木都吃，甚至包括桤木属或榛木属的植物。等到春天或是夏天食物丰盛了，它们就会只吃最爱的柔软的水生植物或河岸边的植物，有时也会尝点儿白杨树或柳树什么的，这些树木我们之前散步时经常能见到。

看来这次的野外探险之旅必须早点结束了。当又冷又湿的我们回到家时，热气腾腾的美味佳肴正在等着我们，正是有了这些美味的食物，我们才不用去啃树木或在冰层下潜水寻找食物。所以，虽然我们很喜欢河狸，却不羡慕它们的生活。

17

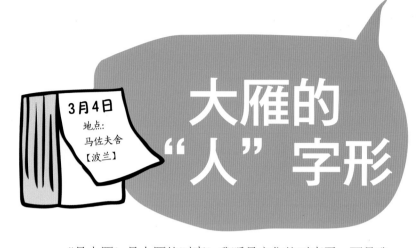

大雁的"人"字形

"是大雁！是大雁的叫声！我听见它们的叫声了，可是我看不到它们在哪儿！"我一边在空中寻找大雁的身影，一边兴奋地喊卡茨皮尔他们帮我一起寻找。

"爸爸，快看！它们在那儿！"卡茨皮尔用手指着远处的天空喊道。

顺着卡茨皮尔指的方向看去，我看见几十只大雁，排成了一个完美的"人"字形，它们用力地挥动着翅膀，"嘎嘎"叫着飞向了远方……大雁们终于飞回来了！

看着大雁在天空飞过，我知道春天真的来了。在这之前，大自然就已经在提醒我们春天来了。你看，太阳暖洋洋地照耀着大地，冰雪渐渐消融，河水"叮叮咚咚"地唱着歌，一些动物和植物感受到春天的气息，从过冬的地方偷偷地探出了头……现在大雁也回来了，它们在向我们证明，春天真的回来了。

"那是灰雁吗？"费莱克的爸爸问。从上次森林探险开始，费莱克一家就加入了我们的野外探险行动。

他说的灰雁是一种野雁，是家鹅的祖先，曾经遍布整个波兰，但后来成为了珍稀动物。还好，最近几年它们的数量多了起来。

"不知道……"我有点儿不好意思，因为我也不知道它们是哪种大雁。

它们飞得很高，那么远的距离，很难看清它们长得什么样。另外，这个时候，天空飞过的大雁不止一种，可能是豆雁、粉脚雁、白额雁或小白额雁等。这些大雁并不在波兰生活，它们只是路过这里，它们要飞到更远的俄罗斯和欧洲北部地区。我分不清楚这些大雁的种类，在我看来它们长得都一样。我以前认识一位鸟类学家，他能够通过叫声辨认大雁的种类。他对我说过，灰雁的叫声又低又响，和家鹅的叫声差不多；豆雁的叫声会比灰雁稍微高一点点；白额雁的叫声音调最高，但声音很柔和。

很可惜，我还没有掌握通过叫声分辨大雁种类的技能，所以我也没法说出从我们头顶飞过的是什么大雁。我和孩子们，还有费莱克的爸爸，欣赏着大雁。它们的队形可真好看，科学家早就指出，鸟儿们这样飞行是为了节省力气。在排头带队飞行的头雁是最辛苦的，它在扇动翅膀的时候得不到其他大雁的任何帮助，所以当头雁累了的时候，会有另一只大雁自动飞到队伍的最前方，代替头雁的位置。但是，人们一直不明白，为什么大雁不直接在头雁的正后方飞行，而是飞在侧后方呢？

2001年和2014年的《科学》周刊曾发表过两篇论文，很好地解释了鹈鹕和朱鹭这两种鸟儿为什么要排成"人"字形飞行。论文指出，鸟儿在飞行的时候，翅膀后会形成柔和的气流。当鸟儿的翅膀向下挥动时，会形成下降气流；而翅膀向上挥动时，则

豆雁　灰雁　粉脚雁　白额雁　小白额雁

大雁排成"人"字形飞行，以节省力气。

在前边飞行的大雁的翅膀后会形成柔和的气流。在它们侧后方飞行的鸟儿能够充分利用空气的升力。

翅膀向下挥动，空气往下流动；翅膀向上挥动，空气就往上流动。

哎呀，我不知道啊！

它们"嘎嘎"叫呢！爸爸，它们"嘎嘎"叫呢！

是灰雁吗？

没有按照前方鸟的翅膀动作飞行，后边的鸟会落入相反的气流。

啊，不好了！我掉进了反向的气流中了！

会形成上升气流。这样，在它侧后方飞行的鸟儿，就可以充分利用气流，只需要轻轻扇动一下翅膀，便可以与头鸟保持同样的飞行高度。鸟儿们的这种飞行方法和滑翔机有点儿类似。如此飞行，在后面飞行的鸟儿更节省力气，飞得不是很累。它们交替着担任头鸟，分担领头飞行的重任，通过这种团结合作，它们就可以飞到很远的地方。

但是，跟在头鸟后边飞行的鸟儿要注意，一定要与其前面一只鸟儿保持一致的飞行动作以及适当的身体距离。如果动作有一点点不一致或是距离不合适，它就要马上调整自己的飞行姿势。否则，它就会立刻卷入相反的气流中，那样的话，它就必须耗费

很大的力气才能飞回到原来的高度上。

鸟儿们很擅长做这类事情，大多数人类发明的机器都没有它们做得好。鸟儿们很聪明，它们知道排成"人"字形飞行要比独自飞行省好多力气，心跳也更加平稳。

科学家们说，这样的飞行方式并不是鸟儿们排成"人"字形飞行的唯一原因。除此之外，它们一同飞行时，能够更好地协调自己的飞行动作，更好地相互交流飞行方向和速度等信息。

看这些大雁排着队飞行，我和孩子们感到非常高兴，心"怦怦"地跳着，因为伴随着它们飞回来的还有春天啊！

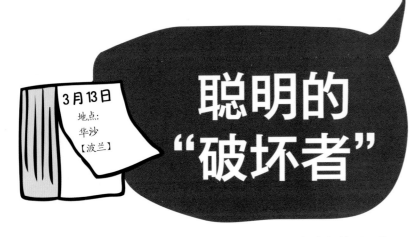

聪明的"破坏者"

"嗨，沃伊切赫先生，您看看，这些寒鸦都做了些什么呀！"小区管理员向我喊道，"您看，通风管道上安装的铁网都被它们扯掉了。"

"是吗？"我抬着头往上看，心里有些佩服寒鸦，可它们是怎么做到的呢？

我将伊达和卡茨皮尔送到学校后，迈着轻快的脚步往家走。这段时间，华沙已经能够感受到春天的气息。今天天气特别好，要是可以出去散散步、晒晒太阳多好啊！可是今天，我要回家写一篇稿子，要在电脑前坐很久，我真的不想回家。所以，当小区管理员想和我谈谈寒鸦的事情时，我站住了，毕竟能在外边多待一会儿是一会儿啊。

我抬头看着单元楼的楼顶，通风管道的正方形开口就在那里。正是因为有了这个通风口，房子里的气味和湿气才能被排到户外，才能保证家里空气的流通和新鲜。很多鸟儿喜欢在通风管道里筑巢，可如果那样的话，通风管道就会被堵塞，也就无法发挥应有的作用。因此，这栋楼的开发商在开口处安装了坚固的铁丝网，这样既能保证潮湿、闷热的空气可以通过通风管道排散出去，又能有效地阻止鸟儿飞到里面去安家落户。

设计师们认为鸟儿们没有办法对付这些铁丝网，但他们没有想到，有一种鸟儿——寒鸦，为了在通风管道里筑巢，竟然想出了拆除铁丝网的方法。现在这个小区已经有好几栋楼的铁丝网被寒鸦成功拆除，通风管道被成功地占据了。

"沃伊切赫先生，你知道吗？它们竟然是用爪子或喙把铁丝网扯掉的。它们的喙可真硬啊。"管理员解释说，"您看它们多厉害，干得可真漂亮啊！"

这时我看到有一只寒鸦并没有去拉扯铁丝网，而是在抠单元楼的墙壁，看来它打算在那儿搭一个窝了。它先用喙在外墙上啄出一个洞，然后钻进了保温层里，在里面它不停地啄泡沫保温板和玻璃棉。每隔一会儿，它就飞到稍低一点的地方，把啄下来的保温泡沫和玻璃棉扔掉，有的就扔在我们的脚边。不时刮起的风把这些小块的泡沫和玻璃棉吹得整个儿小区都是。

"唉，这可真是一件麻烦事。"小区管理员叹了口气。

他说的没错，满小区都是玻璃棉和泡沫，通风管道也被堵上了，住户们一定会不高兴，也一定会抱怨和提意见。我有些同情管理员，但是又不得不佩服寒鸦的智慧。

我在之前介绍过，寒鸦属于鸦科动物，鸦科动物被认为是拥有一定智慧的物种。比如冠小嘴乌鸦就学会了如何巧妙地利用人类的汽车吃到坚果果肉：它们把坚果扔到马路上，等疾驰而过的汽车把坚果壳压碎后，冠小嘴乌鸦再飞过去啄食坚果的果肉。而日本的冠小嘴乌鸦更是把这项本领发挥到了极致，它们发现这件事在斑马线上做，效果可能更好。它们把坚果扔到斑马线上，当汽车压碎坚果后，它们会等到信号灯亮起红灯时，才飞到车道上收集坚果果肉，然后再赶在交通灯变换之前，飞回到路边慢慢地享用美食。这样它们就不用害怕被飞驰而来的车辆撞到了。

而生活在新喀里多尼亚的冠小嘴乌鸦更聪明，它们能把树枝当钩子用，从树皮下面拽出昆虫的幼虫。而在实验室中，这些冠小嘴乌鸦甚至知道把细金属丝弄弯，当作钩子用。

鸦科动物中的渡鸦也很聪明，它们知道如何能吃到其他鸟儿藏的食物。如果渡鸦发现有其他鸟儿准备将食物藏起来，它们就悄悄地跟着那只鸟。那只鸟儿藏食物时，渡鸦就在一边装作若无其事的样子。等到那只鸟儿藏好食物，放心地飞走了，渡鸦就会跑到藏食物的地方，把食物吃掉。

在波兰生活着七种鸦科鸟类，其中的三种——星鸦、松鸦和渡鸦，主要生活在森林里；剩下的四种——秃鼻乌鸦、喜鹊、冠小嘴乌鸦和寒鸦，从野外到城市乡村都有分布。因为拥有与生俱来的高智商，这些鸟儿在人类身边能够过得很舒适，而今天我们小区发生的事情就是一个典型的例子。

波兰鸦科动物代表：

星鸦

寒鸦

喜鹊

渡鸦

冠小嘴乌鸦

松鸦

秃鼻乌鸦

新喀里多尼亚的冠小嘴乌鸦会把铁丝弄弯当作小钩子用，来获得食物。

日本的冠小嘴乌鸦把坚果扔在斑马线上，等到行车道信号灯红灯亮了，再放心地去啄食果肉。

渡鸦装作不知道鸟儿把食物藏在了哪里，当藏食物的鸟儿离开后，渡鸦就过去把食物吃掉(狡猾的渡鸦)。

"这些鸦科动物竟然这样聪明，真是令人惊叹！"

21

榛子诞生记

"这棵榛树上的花儿挺漂亮的，"卡茨皮尔嘟囔了一句，"只是这颜色是不是有一点儿太粉嫩了？"

"正是因为有了粉色才让榛树变得漂亮呀。"我不同意卡茨皮尔的观点。

"它们是挺漂亮的，"卡茨皮尔接着说，"我只是不喜欢这样的粉色。"

今天到森林里游玩，春天张开了双臂迎接我们。艳阳高照，鸟儿在歌唱，我们听到了苍头燕雀的叫声，但遗憾的是没有找到它藏在哪里。有三两只青蛙从我们脚旁跳过，跳入附近的池塘，不见了。有一只蝴蝶落在了树上，这是一只白钩蛱蝶，不久前，它刚从冬眠中醒过来，现在它肯定是在寻找花朵，准备吸食富含营养的花蜜。

我们在开满粉色花朵的榛树旁站了很久。这是一种高大的灌木，它的果实，也就是榛子，是一种美味健康的食品。去年秋天时，我们采了满满几袋榛子。现在春天到了，我们正在研究榛子是如何长出来的。

在长叶子之前，有时甚至在2月份，榛树就已经开花了。最惹人注意的是那长长的黄穗——人们称它为"榛树絮"。榛树絮里长满了雄花，雄花会产出大量的黄色花粉，花粉由上千颗微粒组成。只要轻轻一碰或者有一阵微风吹过，花粉就会洒满整个榛树絮，有风的天气里，榛树絮还会带着花粉飘散到空气中。

每一颗花粉都是一个独立的雄性小个体，在它里面还有比它更小的被称为"精细胞"的雄性细胞。它们的任务就是与位于雌花中的卵细胞结合。可这是一件很困难的事情，因为榛树絮随风而动，风吹到哪里它就飘到哪里，所以它们到达卵细胞身边的机会并不大。

卵细胞藏在一个叫作做"雌蕊"的地方。雌蕊本身不大，它只露出一小部分，其余的都藏在花蕾中，露出的部分被称为"柱头"。柱头看起来就像是粉色小穗，它的任务是抓取在周围飘荡的花粉粒。榛树会产出大量的花粉，它们中的绝大部分都被风吹散了，但也有一些能够抵达雌蕊的柱头。柱头下长着一条细长的管，通过这条细管，精细胞就可以来到卵细胞的身边，它们俩结合后，雌花慢慢发育，秋天就会结出美味多肉的榛子。榛子的外面会长出坚硬的壳，硬壳能够保护坚果内的果肉组织，这种果肉组织是一种营养物质。正是这些营养物质吸引了众多的坚果爱好者，包括人类、松鼠、老鼠等。坚果爱好者们只能吃掉一部分的坚果，而剩下的坚果就被保留下来，埋在泥土里。到了春天，那些留在土壤里的坚果就会长成新的榛树。

大自然教会我们谦卑，榛树的雌花是那么小，可是它们对于榛树来说却具有重要意义。它们保证了秋天榛子的丰产，使榛树得以延续后代，况且它们长得不也是很好看的吗？

到底什么时候才能有坚果吃呢？

雄花

花粉必须到
达雌花。

坚果

雌花

精细胞（来自花粉粒）与卵
细胞（藏在雌蕊中）结合后
会结出坚果。

产出花粉

雌蕊探出花蕾的部
分叫作"柱头"，
负责抓取花粉。

23

4月1日
地点：
马佐夫舍
【波兰】

春天玩的游戏

"爸爸，野草莓什么时候成熟呢？"伊达好奇地问我。

"亲爱的，要等到7月份呢。"我回答道。

"那树莓呢？"

"也在7月……"

"那这些……蓝莓呢？"

"还是7月……"

"爸爸，你知道吗？我最喜欢夏天了。"伊达一边说，一边把冻得冰凉的双手缩进袖子里。

我重重地叹了口气，现在冬天刚过，外面还刮着冷风，而我和伊达就已经迫不及待地来森林玩儿了。

以前，我读过理查德·洛夫写的《林中最后的小孩》，书中有一句话说得很有道理："不是天气糟糕，而是衣服糟糕。"所以，今天我们穿得很暖和。可惜的是，其他人没有和我们一起来，卡茨皮尔感冒了，只能卧床休息，妈妈放心不下他，所以也没来，而亚采克也不得不留在了家里。

到了森林后，我发现伊达看起来有点儿无聊。可能是寒冷的原因吧，伊达缩成了一团，无精打采地走着，一副什么都不想看的样子。我并没有觉得很冷，这几天天气已经逐渐暖和起来，她应该已经适应这种天气变化了吧。更何况，冬天的天气比现在冷多了，我们也出来玩儿了，而且玩儿得很开心。

伊达看向附近的树木，如今的森林已经有了春天的气息：灌木丛和树枝上已泛出一抹绿意，树莓也长出了鲜嫩的叶子。小草的嫩芽从枯萎的叶子下偷偷探出了头，早早地长出新的叶子或者开出了鲜艳的花朵，它们要赶在浓密的树叶遮住阳光之前，快点儿长大。

伊达的情绪并没有好转，长出新芽或新叶子又有什么用？要是能生出一些吃的东西就好了，比如野草莓、树莓、蓝莓，等等。唉……

我走在伊达身边，再次想起了理查德·洛夫的书。他在书中写道："现如今的孩子失去了与大自然的联系，他们对大自然一点儿兴趣都没有。造成这种情况的原因有很多，比如美国的'森林游玩规则'，一些好玩儿的事，现在都不允许做了：不准往水中扔石头、不准点燃篝火、不准在小溪边和树上建房子或木屋，等等，曾经愉快的森林旅行变得索然无味。在森林保护区里更不行，人们只能沿着规定的路线走。所以现在的孩子往往不喜欢去森林玩儿，而是更愿意到博物馆或动植物园，透过窗户和笼子来观赏动物和植物。"

在洛夫看来，孩子们之所以对自然界不感兴趣，是因为他们并不了解身边的大自然。他们喜欢看关于狮子、老虎和北极熊的电影，但是对附近森林里的动植物一无所知，所以孩子们并没有意识到这些东西也十分有趣。

孩子们有时也会害怕大自然，或是把它们想象成他们理想中的样子。他们之所以害怕，是因为他们总是听到关于即将发生的生态灾难，或者动物会传染疾病等诸如此类的传言。而将其理想化是因为他们在电影中看到了可爱美丽的小鹿斑比等卡通动物形象。真实的大自然是美丽与危险并存的。小鹿可以是残忍的，而狼也可以是善良的，反之亦然。当了解到这一点，学会如何在大自然中行动和玩耍后，就会感受到大自然不可抗拒的魅力。

我很赞同理查德·洛夫的说法，一定要防止我们的孩子成为"林间最后的小孩"。看着伊达，我觉得理查德·洛夫的书可以再增添一些新内容，那就是孩子需要其他小伙伴的陪伴。伊达独自在森林里时，她不知道该做些什么，如果卡茨皮尔在的话，他们可以一起玩很多游戏。尽管气温低，但他们依然可以在大自然中得到很棒的游戏体验，也会在大自然中发现很多有趣的东西。所以春天并不无聊，我保证！

孩子们失去与大自然的联系，对大自然不感兴趣，是因为：

被禁止的都是森林里最好玩的游戏：

禁止！

禁止！

禁止！

向水里扔石头

在树上建房子

搭木屋

在河上建桥

25

青蛙与蝾螈

"我看到它了，我看到它了！"卡茨皮尔尖叫着，"它可真漂亮，五颜六色的，还向我摇尾巴呢。"

"它在哪儿，在哪儿？"我一边喊着，一边跑到卡茨皮尔身边。

"不见了，它藏起来了。可它刚刚还在这儿呢，我看见了，真的！"他一遍遍地重复着。我们现在正站在水塘里，寻找着水中的蝾螈。

4月的天气依然很冷，但我们还是跑到森林里来，想看看两栖动物是否已经开始交配。我们有一个特别好的去处，那就是在森林深处，那里有一个开采砾石留下的大坑。以前这里开采砾石的规模比较大，挖掘机推出了一堵堵数米高的土墙，履带压过的地方凹凸不平，后来随着开采量减少，许多地方又恢复了生机，灌木丛生，水草茂盛。

履带压过的地方形成了大大小小的水塘，每年春天，就会有许多青蛙、蝾螈来这里交配、产卵，同时也有各种各样的掠食性水生昆虫来捕食青蛙和蝾螈的幼虫。

这次和我们一起进行野外探险的人有很多：我、卡茨皮尔、伊达、他们的表姐玛雅和同学艾薇丽娜。没想到在这里我们遇到了一件意外的事情：大概是不久前，有一台挖掘机在这里采过砾石，一些水塘被破坏了。这里的水塘面积明显减少，有的已经干涸。在一处水塘的水面上还漂着几十只死掉的青蛙，它们可能是被最近的一场寒流冻死的。

每年1月到2月的严寒，使大大小小的水塘结了冰，甚至有些小一点儿的水塘连塘底的泥都被冻上了。那些躲在水下冻土层里过冬的两栖动物无法抵御严寒，就被冻死了。当春天到来，冰面融化，冻土渐渐解除封冻，它们的尸体便浮到了水面上。

幸运的是，还有一些较深的水塘并没有被冻透，而且，并非所有的两栖动物都在水塘或者池塘里过冬。也有一些青蛙、蟾蜍和蝾螈习惯在秋季时藏在岸边的土壤里，等到天气变得温暖时，它们才会苏醒过来，回到水里生活。

在这个砾石矿，我们很快就找到了两栖动物已经苏醒的证据：在一个较浅的水塘里，我们清楚地看到了堆叠的青蛙卵。这就说明，在前一段时间，当气温升高时，两栖动物就已经开始交配了。雌蛙产卵后，雄蛙将精子排到卵上，完成受精。在这些受精卵里，黑色的蝌蚪胚胎已经清晰可见。

孩子们担心这些受精卵会因为意外死去，或是因缺水而变得干瘪，再或者被挖掘机压死。

"我们必须救它们！"孩子们把这些受精卵装进随身携带的小玻璃罐里，然后把它们放进了更深的水塘里。

后来，我们开始寻找蝾螈，蝾螈是一种非常漂亮的两栖动物，在波德拉谢总能见到它们的身影。

每年3月，蝾螈从冬天的睡梦中醒来，回到水中生活。4月，雄性蝾螈的皮肤就会呈现出丰富多彩的颜色，以吸引雌性蝾螈。等到5月初，它们就会开始产卵。所以当卡茨皮尔尖叫着说他看到一只五颜六色的蝾螈在向他摆尾巴时，我就知道他看到的一定是一只雄性蝾螈。

但是，当所有人都跑到卡茨皮尔身边时，却什么也没看到。

"我刚才真的看到了，真的！"卡茨皮尔不断地重复着。

我静静地盯着水面，突然，水里出现了一条长长的黑色的身影。我取出捞网，轻轻地将它打捞出来。卡茨皮尔没有看错，这的确是一条雄性蝾螈，它有着橘红色的肚子，身上长着黑色的斑点，背上还有漂亮的像梳子一样的背脊。我们仔细观察了一会儿，就把它放归水中，并没有伤害它。这只蝾螈摆动着五颜六色的尾巴，很快便消失在水草之间。

我要赞美大自然的伟大繁殖能力，也要赞美那些大自然的守护者！

蝾螈不是唯一值得观察的两栖动物！

莱桑池蛙

绿色青蛙

湖侧褶蛙

食用蛙

棕色青蛙

林蛙

沼蛙

不要忘了还有蟾蜍……

蛙卵堆积在一起。

蝾螈把卵一个个放好，粘在植物叶子上，目的是不被天敌发现吃掉。

蟾蜍的卵看起来像一条长长的锻带。

雄性蝾螈

雌性蝾螈

27

给鸟儿上脚环

知更鸟

"伊达,你想再来一个三明治吗?"我把早饭放在桌子上。

"等会儿再说吧,我去巡视了。"伊达没有看我。

"卡茨皮尔,你不是还没吃饱吗?要再吃点儿牛奶加脆饼吗?"我看向卡茨皮尔。

"嗯,我确实还想再吃点儿,但是现在来不及了,我也要去巡视了,所以等会儿再说吧。"卡茨皮尔说着拿起了外套。

伊达和卡茨皮尔飞快地跑了出去,钻进了森林里,眨眼间就消失不见了。而我呢,呆呆地坐在桌子旁边,手里拿着一片面包,看着桌子上的两只空碗。

在我准备参加"波罗的海行动"——每年一次的给候鸟上脚环活动时,我就料到孩子们会喜欢这些候鸟。但我没想到,伊达和卡茨皮尔能够每天早上都在六点之前就起床,还可以整天跑来跑去,不知疲倦地巡视检查捕鸟点,能整天帮助成年人从混乱不堪的捕鸟网中把鸟儿取出。他们宁愿不吃早餐,也不愿意错过任何一次参与巡视的机会。

小时候,我也想参加给鸟上脚环的科研活动,我甚至还给当时的鸟类迁徙研究站寄过申请书。很可惜,他们回信说,小孩子不适合参加这一活动。

现在我已经长大了,并结识了雅罗斯瓦夫·诺瓦科夫斯基博士,他是"波罗的海行动"的负责人。他告诉我,"波罗的海行动"急需志愿者,于是我就报名参加了这次活动。

"波罗的海行动"的工作人员在海边设置了两个捕鸟点。每年春天,在这条线路上,有数百万只候鸟从温暖的南方飞回北方和东方。秋天的时候,它们又会沿着同样的线路飞往南方过冬。

专家们用捕鸟网逮住了很多鸟,他们在志愿者的帮助下把鸟从网中拿出来,给它们上好脚环后再放归自然。我问我能否带着孩子们一同去做志愿者,他们毫不犹豫地同意了。于是,我带着伊达和卡茨皮尔出发了,而孩子妈妈和亚采克留在了华沙。

我们在离"波罗的海行动"主营地不远的地方,租了一间房子。我原本以为,每天早晨孩子们都会睡懒觉,起不来床。我计划好了,如果他们起不来,早上的时候我就自己去巡查捕鸟点,把鸟儿取出来。

但伊达和卡茨皮尔从第一天起就说早上会按时起床。每天,当五点半的闹钟响起时,尽管他们还没有睡醒,还想再多睡一会儿,但还是利索地穿上衣服,飞快地穿过森林,到达科学研究站,为的就是能够第一个巡查捕鸟点。

他们很快就发现,早起是正确的,因为早上捕鸟点拦截到的鸟儿最多。"波罗的海行动"营地里有一群专业人员,他们负责给鸟儿称重、计数,为它们带上脚环,最后把它们放归自然,还它们自由。

"波罗的海行动"期间,拦截最多的是非常漂亮的红胸鸲,这是一种有着大眼睛、橘红色胸腔的鸟。还有会唱歌的画眉鸟、大山雀、蓝冠山雀、鸱鹕,有时还会有戴菊鸟和火冠戴菊鸟。

事实上,伊达和卡茨皮尔几乎整天都不回居住地。每年这个时候,波罗的海的海滩上都举行很多游艺活动,孩子们在草地上一起做功课,一起读文学书籍,与鸟类科学家进行交流。孩子们之间也讨论一些问题。

每天早上六点到晚上八点,他们都在大自然中度过,有几天特别冷,他们哪怕穿上了冬天的衣服,戴上帽子,系上围巾,依然坚持参加活动。其余几天都是艳阳高照,孩子们的脸晒得红扑扑的。他们很少按时吃饭,不过他们一直很健康。

在"波罗的海行动"中，
这些鸟儿常常被捉住：

鹪鹩

画眉鸟

大山雀

卡茨皮尔之前有点儿感冒，现在已经好了；原来不爱吃饭的伊达，现在也有胃口了。现在，只有巡查捕鸟点的时间到了，才会让伊达放弃美味的食物，因为她可不想错过任何一次巡查行动。

在"波罗的海行动"即将结束的时候，我感觉孩子们似乎有一点儿厌倦了，在返回华沙的路上，我问他们是否还想再来一次。

"当然啦！"伊达毫不犹豫地喊道。

"我也想再来一次，这种经历感觉很棒。"卡茨皮尔接着说。

"但是，我觉得，在快要结束的这段时间里，你们好像有些厌倦了，是不是？"我问。

"没有的事儿！"他们异口同声地回答。

"因为我们永远都不知道网里面会有什么鸟儿在等着我们。"伊达解释道，"有时我们认为网里罩住的会是红胸鸲，结果出现的却是一只我们不认识的鸟儿……"

如此看来，我们给鸟儿上脚环的探索之旅还远没有结束。

有男子气概的树

"今天，我们在森林里看到了枫树群、橡树、云杉、橄篮和野韭菜！"我们刚回到家里，亚希就迫不及待地向他的爸爸妈妈炫耀。

我为亚希感到骄傲，他是伊达、卡茨皮尔和亚采克的表兄，是一个聪明的孩子，大家很喜欢和他一起在森林里探险。在森林里他问了我很多问题，当我回答他时，他就会认真地听我解答。

亚希太兴奋了，以至于他在讲这次森林探险时，说错了好几个地方。他说看到了"枫树群"，其实应该是"枫树林"。看到的野菜不是"野韭菜"，而是"熊葱"。亚希还说错了一个树的名字，它不叫"橄篮"，而叫"橄榄"。其实，这次在森林里，我们根本就没有看到橄榄，为此大家觉得有点儿遗憾。

之前亚希帮我为亚采克找到了一棵橡树苗，但是，给卡茨皮尔过生日时，我们决定把这棵树苗送给卡茨皮尔。我们在院子里种下了这棵树苗，这棵树苗在我家的院子里经历了两次磨难：我们的狗把它的一段树枝撞断过，而另一段树枝又被风吹折了……没办法我们只好换了个地方把它重新种下。换了两次地方后，小树居然活下来了！现在，这棵橡树苗已经长得很高了，枝繁叶茂。后来，伊达在它的旁边种了一棵花楸树。这棵花楸树能活下来也很不容易，它生过蚜虫，叶子都枯萎了，变成了黄褐色。不过它也活了下来，并长高了许多。今年春天，花楸开出了许多白色的花，估计到了夏天，它就会长满圆圆的橙色果子。

伊达一直担心她的花楸树会比卡茨皮尔的橡树长得小，但是对于这件事伊达也没有办法，因为不同树种的高度是不一样的。橡树是波兰最高大的树，它的树冠可以长到森林的最高处，为了长得高大，它们需要营养丰富的土地。而花楸的生长不需要太好的条件，并且它们长得也不高。

今年5月休假期间，我们决定再去一次森林，我们要再找一棵新树苗，栽种在院子里，这次是为亚采克准备生日礼物。4月底，天气突然变得非常暖和，森林里的树和草都开始疯狂生长，树枝冒出了新芽，森林被淹没在一片绿色之中。许多贴着地面生长的植物，像木海葵、雪割草和小白屈菜等，都长得十分茂盛，铃兰和熊葱也长得很好。熊葱的叶子很好吃，但是我们不可以这么做，因为它是受到保护的植物，不能采摘。

这一次森林探险，伊达和卡茨皮尔表现的和往常不一样，他们没有围着我转，而是自己玩。只有亚希一直待在我身边，和我一起为亚采克寻找新树苗。

"叔叔，要不咱们就挖一棵枫树苗吧？"他问道。

这次我们看到了很多枫树苗，但我们选择的树苗要符合孩子妈妈的要求，她一直希望亚采克的树是一棵有男子气概的树。正因如此，我们没有选椴树、柳树、白杨树和松树，而枫树在我看来也没有男子汉气势。

我想了想说："咱们为他种一棵云杉，好不好？"其实，我心中最想种的是橄榄树。

"那是一棵橄榄树吗？"我指着一棵有着羽毛形状叶子的小树问道。

可是仔细观察过后，发现那是一棵接骨木，橄榄树树苗可真难找啊！

经过两个小时的寻找，我不想再找了。我和亚希根本找不到橄榄树，因为我根本没有办法通过树皮来弄清楚哪棵是橄榄树，我只会用叶子来辨认树的品种，而现在是春天，我只能看到树叶的嫩芽，而不是树叶。没办法，我只好放弃寻找橄榄树。后来，一位研究植物学的朋友对我说，早春时节是无法找到橄榄树的，因为橄榄树是春天里最后生长的树。在5月初，森林里根本不会有橄榄树，还需要再等几周，才会有橄榄树长出来。后来，我在这位朋友的帮助下，找到了两棵橄榄树树苗，并把它们带回了家。

5月的野外探险结束时，亚希思考了很久说："叔叔，我也想为自己种一棵树了……"

这是蝎蝽，不是喝蝽！

"快看，喝蝽正在交配呢！"伊达、卡茨皮尔和亚希一齐喊着。

"那不是喝蝽，那是蝎蝽。"其他孩子大声提醒他们。

"叔叔，看那里！"亚希手指着河边的一个地方，水面上有两只灰褐色的昆虫在游动。它们的身体像叶子一样又平又薄，在腹部的末端长着长长的管子，它们的确是一对蝎蝽。

蝎蝽属于蝽科昆虫。大部分蝽科昆虫生活在陆地上，但其中一些特殊的蝽已经适应了水中的生活，比如蝎蝽。蝎蝽和水黾一样，经常能够在湖面、水塘的水面发现它们，它们优雅地在水里滑动，和那些不小心落水的昆虫交流。

仰泳蝽、小划蝽、水蝽和螳蝎蝽则生活在水下更深的地方。因为蝽科动物没有鳃，所以必须隔一段时间就游到水面上呼吸空气。在这个时候，它们就会使用长在腹部末端的那个长管呼吸。它们把管子伸出水面，自己则趴在水草或者一小块木头上。

"嗯……它们……为什么长着……嗯……"亚希指着蝎蝽长的钩子一样的前肢问道。

"……钳子？"我接着他的话说道。

"是的。"亚希点点头。

蝎蝽是一种敏捷的食肉动物，钳子是用来捕捉食物的，它们通常隐藏在浓密的水生植物中，偷偷观察猎物。它们将呼吸管伸出水面，摇晃着前腿，等待猎物的到来。一旦有蚊子幼虫、浮游生物、小蜗牛、小蝌蚪或落单的小鱼接近，它们就会一下子把猎物抓住，然后将口器插入猎物的身体，吸食猎物的体液。由于蝎蝽长着吓人的钳子，所以它也被称为"水蝎子"。

"它们咬人吗？"亚希有点儿害怕。

它们当然咬人！这件事儿起初我也不知道，我还用手抓过许多次，但是从来没有被它们咬到过。

后来我看书才知道，被它们咬到后虽然不会丢掉性命，但还是很痛苦的。从那以后，我变得更加小心，尽量不用手去抓蝎蝽。

看来这次我又不得不用手抓住它了，我把蝎蝽从水里拿出来，放进了玻璃罐里，还好没有被它咬到。我们看到蝎蝽确实在交配，雄性正试着把自己的精子传递给雌性。

"蝎蝽竟然是雌性长得更大？！"亚希惊奇地说，他的好奇心似乎永远都不会消失。

他说得没错，蝎蝽和其他许多昆虫一样，雌性比雄性要大一些。而人类恰恰相反，女人的体型要比男人的小一些。

"叔叔，它们交配之后会产卵吗？会产多少呢？"孩子们很感兴趣。

蝎蝽一般在每年4月和5月间产卵。雌性蝎蝽把卵产在浓密的水生植物之中。我在书上读到过，雌性蝎蝽一次可以产32枚卵。那些卵有独特的形状——都长着小细毛，这些小细毛伸出水面为卵提供新鲜的空气。

过了一会儿，我们把蝎蝽放回了河里，亚希开心地跑去和其他孩子一起玩了。几分钟后，我听到了他的叫声："叔叔，你看，我发现了一条死了的毛毛虫！"

瓢虫界的"小丑"

"你可千万别写它会咬人啊。"彼得博士对我说道。

"对不起，不行。"我叹了口气，没有答应他。

我们正在谈论的是一种"有异样颜色的瓢虫"。这个名字很难读，也让人很难记住。所以人们直接叫它"小丑瓢虫"或者"异色瓢虫"。以前，人们从未见过这种瓢虫，也不知道它叫什么。

直到2006年，小丑瓢虫才第一次出现在波兰。短短几年时间，波兰各地就都可以看见它的身影了。波兰本土的瓢虫们都十分害怕它，一听到它的名字就浑身颤抖，人也一样，因为听说被小丑瓢虫咬到会非常疼。咬人很疼应该是夸大其词，这种瓢虫确实咬人，但不至于很疼。而彼得认为，这种瓢虫根本就不咬人，那些所谓的"咬人事件"都是夸大事实。而我却一定要写这种瓢虫咬人，我有理由这么写。

我只见过两种波兰瓢虫，它们都是红色的，并且身上都有黑色斑点，一种有两个斑点，另一种有七个。第一种人们叫它"两星瓢虫"，第二种叫"七星瓢虫"。这两种家伙都是贪婪的食肉瓢虫，它们捕食时十分凶猛，主要吃寄生蚜虫。

说实话，我对瓢虫了解得不多。所以，当我听说彼得正在研究这些瓢虫时，我就和他商量，让他带我一起去抓捕瓢虫。一周前孩子们就已经开学了，所以他们都不能来，这太可惜了。

彼得有一套让人目瞪口呆的抓捕瓢虫的方法：在树林里，他用一张大网把沿途见到的虫子都抓住。还有一次，他在树下铺了一块布，然后用力摇树枝，各种各样的虫子就像雨点般掉在了布上。通过这两种方式，彼得抓到了许多虫子，随后他一个一个地查看捕捉到的虫子，从中找出想要的瓢虫。这并不容易，因为据我所知，并不是所有的瓢虫都是红色的，也不像两星瓢虫和七星瓢虫那样一下子就能认出来。它们有的是黑色的，有的是棕色的、黄色的或是粉红色的。大多数瓢虫都有黑色的、白色的或黄色的斑点，不过也有瓢虫没有斑点，只长了一个单一颜色的壳。

一直以来，波兰只有75种瓢虫。所以当第76种瓢虫——小丑瓢虫出现时，彼得立刻被它吸引住了，他把研究重心转移到这种新瓢虫身上。小丑瓢虫从遥远的亚洲来到波兰，主要以蚜虫为食。当蚜虫不够吃的时候，它就去吃其他的小昆虫及其卵和幼虫。当这些都没有的时候，小丑瓢虫就靠吃花粉、花蜜和水果活着。它们有时还会吃波兰本地瓢虫的幼虫。所以，小丑瓢虫出现在哪里，哪里的其他种类的瓢虫数量就会迅速减少。小丑瓢虫给波兰本土的瓢虫带来了灾难性的打击，其他瓢虫不知道小丑瓢虫为什么会来到波兰，它的到来对波兰的瓢虫一点儿好处也没有。

2013年，德国科学家认为自己找到了对付小丑瓢虫的方法，他们对小丑瓢虫使用了生物武器。科学家知道，大多数瓢虫有吃其他瓢虫卵的习惯。科学家想利用瓢虫的这种饮食习惯，杀死小丑瓢虫。这种方法看起来十分巧妙，但是人们却没有想到，小丑瓢虫自身带有一种特殊病菌。这种病菌对它们自己没有任何伤害，但对其他瓢虫却十分危险。所以，两星瓢虫或者七星瓢虫吃小丑瓢虫卵时，也会把病菌一起吃掉。两个星期后，它们就会因病而死。这时人们才注意到，这种对付小丑瓢虫的方法根本没有用。

说到这儿的时候，彼得博士对我说，他想找一种新的方法来对付小丑瓢虫。他已经发现，一些波兰的寄生虫开始对小丑瓢虫产生了兴趣。如果它们能够对小丑瓢虫发起攻击，那么小丑瓢虫的好日子就真是到头了。这会是一个很好的解决办法，因为小丑瓢虫的数量实在太多了，很难被消灭干净。因此，让大自然自己制服小丑瓢虫会更好。

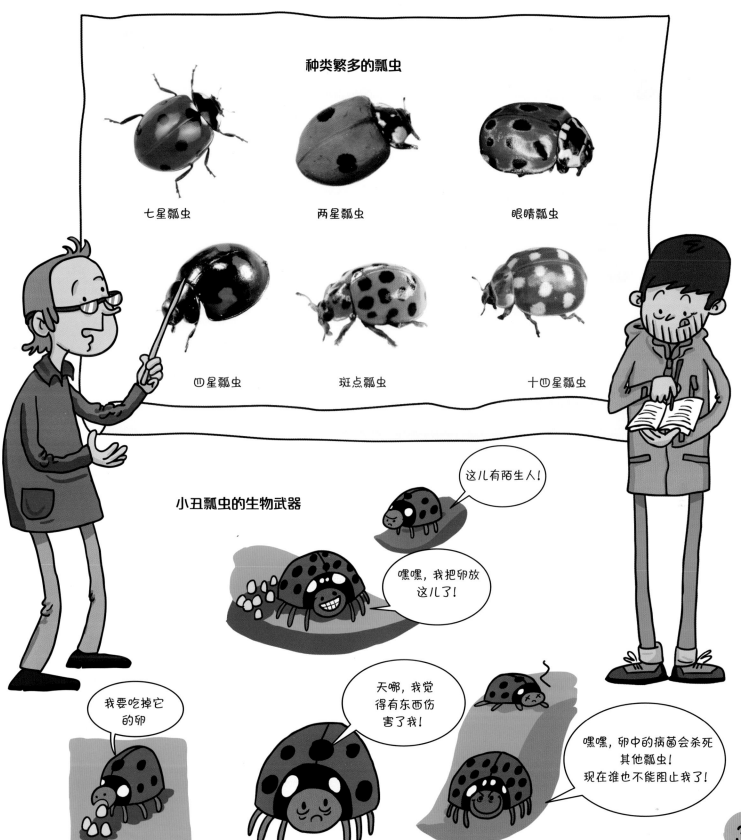

苦苣菜？蒲公英

"你们快看，这里长满了苦苣菜。"我指着草地让孩子们看。

"苦苣菜？在哪里啊？"伊达和卡茨皮尔惊奇地问道。

"就在这里啊！"我提高了音量，对于孩子们缺乏观察力这件事，我感到无奈。这片市中心的草地上到处长着苦苣菜的白色绒毛球，这么明显他们却看不见。

"这个？！"孩子们叫道，"这个不是'呼呼菜'吗，怎么变成了苦苣菜？"

"呼呼菜就是苦苣菜！"我回答道。

"什么？！"伊达和卡茨皮尔感到不可思议，"可是，这呼呼菜怎么就变成了苦苣菜了呢？这怎么可能呢？"

我们现在争论的是一种最常见的植物，它真正的名字叫"蒲公英"，或者叫"食用蒲公英"。如果我们叫它"苦苣菜"，专家会说我们认错植物种类了，因为在生物学中"苦苣菜"是另外一种植物。它和蒲公英外形有些相似，所以人们会将它们搞混。

园丁们十分讨厌蒲公英，因为很难把它们彻底清除干净，每一年它们都是"春风吹又生"。但是，从另一个角度讲，这是蒲公英的最大优势。很少有植物能像蒲公英一样可以轻松应对不同的生长环境，无论是农村还是城市，都有蒲公英的身影。它还是一种很漂亮的植物，每年4月，蒲公英开始发芽，5月至6月，就会开出黄色的花。大街小巷，森林草地，到处都是一片金黄，漂亮极了。

蒲公英花的花序很有特点，需要重点介绍一下。蒲公英花的花序呈球形，植物学家称之为球状花序。蒲公英花序是由40个至100个零碎的小花组成，每一朵小花都有自己的花瓣和雌蕊，也就是说每一朵花都是独立个体，雌蕊中长有卵细胞。每一朵小花还长有雄蕊，这是一个制造花粉粒的生殖器官，每一个花粉粒生有雄性精细胞。这些小花在晚上或天气不好的时候，就会闭合花瓣，而在阳光明媚的日子，小花就会打开自己的花瓣。它们这么做，并不是为了吸纳阳光，而是为了吸引昆虫来为自己授粉。在天气好的日子，蜜蜂、蝴蝶和苍蝇飞出来寻找食物，蒲公英就用自己的色彩和花蜜吸引昆虫，昆虫们在进食时，会把花粉从一朵花上带到另一朵花上。花粉粒里的雄性精细胞与雌蕊中的卵细胞结合后，美丽的花瓣重新处于闭合状态。但这并不意味着它在休息，此时花朵们正在孕育着蒲公英种子。当一切都准备妥当时，花朵将再次展开。所有的种子们都被轻巧地挂在白色的冠毛上。众多的冠毛聚到一起，看上去就像是一个绒毛小球，这就是我们在草地上看到的白色绒毛球。这时如果我们对着绒毛球使劲吹一口气，或是有一阵风刮过，一个个冠毛就会轻盈地飘走，种子也随之离开蒲公英植株，飞向远方。所以人们才叫蒲公英为"呼呼菜"，也正是因为有了这样的繁殖方式，蒲公英才在世界各地繁荣兴盛。

卢卡斯·卢查伊的《野生厨房》一书中，介绍了一些用蒲公英制成的美味菜肴。在欧洲南部，人们用蒲公英的嫩叶制成凉拌菜，有的是原汁原味的，有的是拿开水烫过的，然后配上橄榄油。而在波兰，人们常常把蒲公英的叶子和牛奶一起煮，它的茎则是放在滚烫的石头上煎。《野生厨房》中还提到，红酒配上蒲公英的花朵，或者是啤酒搭配上整株的蒲公英也是不错的选择。当然了，给孩子做菜的时候，肯定是不可以放酒的，如果你特别想用蒲公英给孩子们做一道菜，那就试试用蒲公英嫩叶给他们做凉拌菜吧！

37

树蜂产卵，姬蜂在后

"爸爸，扎进去了，真的扎进去了！"卡茨皮尔喊着，他身边站着伊达，两个人都盯着眼前的一把旧式木制长椅，仔细地看着。

在长椅上空盘旋着一只身材细长、外表呈黄黑色的昆虫。这只昆虫的下腹末端长着长长的针状器，它刚好落在长椅上，开始做一件让人惊异万分的事情，于是我让孩子们仔细观察它。

恰好就在两天前，我刚刚读了《波兰昆虫》一书，书中关于姬蜂和树蜂的内容深深地吸引了我。在这之前，我从来没有听说过这两种昆虫。

书中写道：树蜂看上去有点儿像大黄蜂，它们喜欢把卵产在木头中，每逢产卵的季节，雌蜂就去寻找枯萎的松柏类树木，它们尤其喜欢云杉。找到合适的树木后，雌蜂会把自己的产卵管（就是下腹末端长着的针状器，是一个装有卵子的器官组织）扎入树的枝干，把卵产在里面。卵在枝干中发育，孵出的幼虫就生活在树的枝干中，它们会为自己开辟生长空间，摄取食物。

松柏类树木质地坚硬，即使是枝干已经腐坏，雌蜂也要费很大气力才能把产卵管扎入树中。在产卵的同时，雌蜂还会在卵的周围植入一些菌类孢子。菌菇孢子在树的枝干中生长，进一步破坏枝干组织，使枝干变得更加疏松，这样树蜂幼虫生活就轻松多了。菌菇孢子与树蜂之间的合作关系是大自然生物合作的典范，但是，它们的行为对于树木本身和护林人来说是一件坏事。

关于树蜂的故事还有很多，除了植入菌类孢子，雌蜂有时还会向枝干里注入黏稠状的毒液，受到毒液的侵蚀，树的枝干组织就会慢慢地死去。树木变得更加枯萎，树叶发黄脱落，枝干越来越空，最后整棵树都死掉了。这对树蜂幼虫来说是一件大好事，因为幼虫一般要在枝干中生活两至三年，树木死了，其他的寄生虫就不会注意到这颗树，树蜂幼虫就更加安全。

可是，尽管树蜂为自己的后代能健康成长做好了一切准备，但它们的幼虫也不是就绝对安全了。这里我们不得不提到另外一种昆虫——姬蜂。

姬蜂也是在树的枝干中产卵，而且雌性姬蜂同样长有长长的产卵管。不同的是，姬蜂是把卵产在树蜂幼虫体内。

每到产卵季节，雌姬蜂就会开始寻找有树蜂幼虫生活的树木。据说姬蜂能够敏锐地嗅出树蜂幼虫吃菌菇时留下的排泄物的气味。有了这种本领，雌姬蜂便能够准确找到树蜂幼虫寄生的树木，找到之后，雌姬蜂把产卵管刺入在树干中藏身的树蜂幼虫体内，把卵产出。姬蜂幼虫在树蜂幼虫体内长大，树蜂幼虫变成姬蜂幼虫的一个活的食物袋。5周之后，树蜂幼虫被姬蜂幼虫蚕食殆尽时，姬蜂幼虫就把自己紧紧地裹在卵囊之中，耐心地等待春天的到来。那时，它们就能羽化成成虫，飞走了。

我要感谢《波兰昆虫》这本书，正是通过它我才了解了一些姬蜂不为人知的秘密。而这次野外探险，我亲眼见到了姬蜂，这就要感谢我的孩子们，是他们的耐心和观察力让我结识了姬蜂。

现在在我们眼前的是一只雌姬蜂，它应该是发现了藏在旧木制长椅中的树蜂幼虫。它开始慢慢地把产卵管刺入长椅，这需要花费好长时间，它认真地做着自己的事情，根本不在意伊达和卡茨皮尔的观察。孩子们给它拍了几张照片，又用手机录了一段画质不是很好的视频。视频中，这只姬蜂看上去只是一个小黑点，不过没有关系，我和孩子们都知道，黑点就是这只雌姬蜂。等回到家后，再播放这段视频时，一定会让我们想起这次奇遇。

39

石蛾的小房子

"叔叔，你快看，看我们找到了什么？"伊达的表妹玛雅一边说，一边把手里的一个塑料杯子拿给我看。我向杯子里看去，只见杯底有许多黑色的"小棍儿"。

"是石蛾哦……"玛雅得意地补充说。

石蛾是一种非常有趣的生物，我曾读过美国的马琳·祖克教授写的一本书，书中介绍说："如果你想探索大自然，但是你年纪轻轻，钱又不多，或者因为其他原因，不能去观察宇宙行星。那你就取一些池塘中的水，放到显微镜下，你会惊喜地发现水里有许多昆虫。"石蛾就是这些昆虫中的一种。它对人没有任何威胁，你可以放心大胆地和孩子们一起研究它。

实际上，人们对石蛾了解得并不多，因为它们太机灵了，而且隐藏得很巧妙，平常很难发现它。石蛾的幼虫生活在水中，为了藏身，石蛾幼虫会为自己建一个巢穴，每一个幼虫的巢穴都不尽相同，有的用沙子，有的用水生植物，有的用木棍，有的用水蜗牛的壳……

每一个巢穴都是筑巢材料原有的样子，与周围环境完美地融为一体。即使人们发现了这些巢穴，如果不仔细观察，根本不会发现这些巢穴里有活的生物。石蛾幼虫呈白色，寿命一般是几个月到一年，这取决于石蛾的种类。石蛾幼虫主要吃水生植物和微生物，那么石蛾幼虫又是如何长大的呢？这个问题玛雅自己找到了答案。

玛雅在发现石蛾幼虫的巢穴后，她就找了一个广口瓶，在里面装满水，然后把巢穴放入其中。放入瓶子后不久，大多数石蛾幼虫开始从巢穴向外探头探脑，然后从巢穴中游出来，开始找食吃。只有一个巢穴里的幼虫没有动静。

最后，可能是对新环境感到紧张，这个巢穴里的石蛾幼虫整个离开了藏身的巢穴。只不过，它已经是一只蝴蝶的模样了。

原来我们抓到的不是幼虫，而是一个在水中沉睡的蛹，这个蛹在我们的注视下变成了成虫。成熟体石蛾看上去像蝴蝶，或者更贴切一点儿说是像蛾。石蛾在夜间活动，所以它们一般是棕色或者灰色，翅膀很厚，覆盖着绒毛或者是鳞片。它们吸食植物汁液、花蜜，或者根本什么都不吃。它们要做的就是抓紧时间繁殖，然后把卵产到水中。如果一切顺利的话，二到四周以后，这些卵就会孵化成幼虫，这些幼虫又将开始建造属于它们自己的巢穴。

让人感到担心的是，这只石蛾离开巢穴后，应该直接飞到空中，但是，它在装满水的瓶子里，根本没有办法沿着广口瓶的瓶壁爬出水面和瓶口。所以，我们小心翼翼地在瓶子中放入了灯心草，让它从瓶子中爬出来。现在，玛雅手中拿着之前用来装石蛾的瓶子，里面只剩下一些空荡荡的"小房子"。要知道，现在这个广口瓶可是一件漂亮的、令人羡慕的藏品！

石蛾生长过程：

卵孵化成幼虫，幼虫建立自己的藏身小屋……

在这里它们开始蛹化，之后从藏身的小屋中飞出的就是成年的昆虫了……

成年的昆虫把卵产在水中或者是水边的植物上……

它们必须迅速繁衍后代并把卵产到水中。

快看，石蛾从它的小房子里出来了。

它在广口瓶中爬来爬去！

青蛙为什么总爱"呱呱"叫？

6月12日
地点：
波德拉谢
（波兰）

吸引雌蛙注意

威吓对手（其他的雄蛙）

雄蛙呱呱叫的作用：

"它们为什么要不停地'呱呱'叫呢？"伊达和她的同学艾薇丽娜好奇地看着我。

这一次我们的野外探险之旅再次来到了砾石矿，现在，整个矿场长满了绿色植物，有些地方变成了大水塘。水塘中生活着数不清的蝌蚪（两栖动物的幼体），这些青蛙或蝾螈的半成熟体喜欢待在浅水区，我们可以很容易地观察到它们。

它们之中有一些蝌蚪还没有长出腿，只能用腮呼吸，通过摆动粗壮的尾巴游动；还有一些蝌蚪已经长出了四肢和肺，已经可以用肺来呼吸，看来它们已经为随时离开水塘做好准备了。

这里的蝌蚪数量众多，很多蝌蚪在成长过程中夭折，根本没有机会长到成熟体。尽管如此，这里的两栖动物还是很繁盛。这是因为两栖动物的交配繁殖期特别长，甚至可以维持几个月。

早春时节，蟾蜍和深棕色蛙开始求偶、交配和繁殖。这两种两栖动物不是同一品种，它们只有一个共同特点——都有着深棕色的皮肤。深棕色蛙中最常见的是大林蛙和田野林蛙。

在它们之后，水生蝾螈开始求偶和交配，再之后是铃蟾类和树蟾类两栖动物，以及一些绿色青蛙。绿色青蛙的交配繁殖期一般从5月开始，一直持续到7月结束。绿色青蛙一般来说有三类：大的是湖侧褶蛙，小的是莱桑池蛙，中等大小的是欧洲水蛙，区分它们很不容易。经两栖动物学家们研究发现，欧洲水蛙竟然是"混血儿"，它其实是湖侧褶蛙和莱桑池蛙的共同后代。它们真够特殊的，难怪一般人很难区分。

在自然界经常发生这种不同物种的雄性和雌性交配繁殖的情况，而且有时它们的后代还很健康。依照自然规律，不同物种的雄性和雌性繁殖的后代是没有繁殖能力的。最典型的例子就是骡子，骡子是马和驴的后代，它们就没有能力再生育小骡子。

但欧洲水蛙却巧妙地解决了这个问题，每到交配期，它们会选择湖侧褶蛙或莱桑池蛙中的一种，作为配偶。为了适应这种情况，欧洲水蛙会事先准备好自己的生殖细胞（精子或卵细胞）。如果它们选择的配偶是湖侧褶蛙，它们就会制造出与莱桑池蛙一样的生殖细胞。所以，欧洲水蛙与湖侧褶蛙交配，实际是莱桑池蛙与湖侧褶蛙生殖细胞的结合，这样受精卵孵化出的就是混血蝌蚪，长大后就是欧洲水蛙。如果选择的配偶是莱桑池蛙，欧洲水蛙则会制造出湖侧褶蛙的生殖细胞……

这是一个多么复杂的过程啊！而这仅仅是我们解开的欧洲水蛙的一个秘密而已，它们还有很多不为人知的东西，有待我们继续研究。

艾薇丽娜发现的这只两栖动物是一只青蛙，此时它正趴在一个水塘边，疯狂地"呱呱"叫着。放声高歌的都是雄性青蛙，在求偶季节，雄蛙"呱呱"大叫是为了吸引异性，同时也为了吓跑那些竞争对手。因此，它们大声唱出的不仅是情歌，也是战歌。为了让歌声尽可能的嘹亮，雄蛙会通过共振来扩音。"扩音器"就是位于青蛙脸颊两边的白色小球，它们歌唱时，会将小球鼓起，就像一个吉他琴箱。通过这个扩音器，雄蛙的声音更加嘹亮，它们就是通过这种方法战胜竞争对手的。

我和艾薇丽娜正在仔细观察这只青蛙的求偶过程，倾听它的蛙语，另一边突然传来了卡茨皮尔的喊声："爸爸，爸爸！快来！我抓到蝾螈的宝宝啦！"

我朝卡茨皮尔那里跑去，顾不得鞋子踩进了水里。因为我想

验证一下，卡茨皮尔是否真的抓住了蝌蚪形态的蝾螈。其实分辨是蛙类的蝌蚪还是蝾螈的蝌蚪很简单，蝾螈蝌蚪长有体外腮，而不是体内腮，它的腮形似羽毛，长在头部两侧。此外，蝾螈的半成熟体会先长出前肢，而蛙类半成熟体则是先长出后肢。

老实说，我心里对卡茨皮尔抓到蝾螈宝宝一事表示怀疑，因为我不确定卡茨皮尔是否知道这些知识。但当我看到卡茨皮尔手

里的罐子时，我确定了，这的确是一只蝾螈蝌蚪。

"你是怎么认出它是蝾螈蝌蚪的？"我问道，我对卡茨皮尔十分赞赏。

"因为它长的太像蝾螈啦！"卡茨皮尔信心十足地回答道。我们认真观察了一会儿这只蝾螈蝌蚪，随后把它放回了水塘中。或许，明年我们还能在这里见到成年后的它。

43

斑鹟是个傻大胆

除了孩子们，大家都在尽量地保持着安静，当然，绝对安静是不存在的。

对于孩子就不要太苛求了，他们已经尽可能不说话，或者小声说话了，毕竟他们也不想惊动那只落在树上的小灰鸟，这是一只斑鹟。我们仔细地观察着它，只见它一下子跳进窝里，不断地调整姿势，直到感觉舒服了，它才开始优雅地孵蛋。

斑鹟每年一般只会孵一次蛋，如果第一次鸟蛋就能成功孵化，那么到了六月中旬，雏鸟就已经可以独立生活了，这也就意味着，当年的孵化期宣告结束。但如果鸟蛋未能成功孵化，它们就会继续进行第二轮孵蛋。

我们现在观察的就是一只正在第二次孵蛋的斑鹟，它需要重新建造巢穴、孵蛋和喂养雏鸟，正如第一次孵蛋时一样。

对于鸟儿来说，孵蛋是一件危险的事，因为巢穴周围潜伏着许多肉食动物，它们会找到鸟巢，然后吃掉鸟蛋或已经孵化出来的雏鸟。而且还有一些"业余爱好者"，比如家猫、鹊、松鸦以及貂，它们对鸟蛋和雏鸟同样感兴趣。

为了安全起见，鸟儿通常会把巢穴建在绿叶间、草丛中、树洞里或者树顶上。但是，也有一些鸟儿并不惧怕这些威胁，不在乎鸟巢是否建得足够隐蔽。

这只斑鹟就是这样，它把巢穴建在车库横梁最突出的位置上。每天车库里车进车出，人来人往，可这只斑鹟似乎一点儿也不为此担心。可能它觉得这个位置太完美，所以第二个巢穴还是建在了这里。

曾有一本书提到过：有不少鸟儿会选择那些每个有理智的人都觉得不适合筑窝的地方建巢，就像斑鹟，它们的巢穴总是建在一些令人意想不到的地方，如建在离地仅半米高的用来接桦树汁的浅口罐子上。

伊达和卡茨皮尔的祖父就曾经带他们看过"歌唱家"画眉建在茅屋棚顶上的巢，他们在很远的地方就能看到那个鸟巢，它完全暴露在危险之中。

我小时候也见过山雀在我家围墙金属支撑柱内建巢，那时站在我家院子里，就能清楚地看到巢里的雏鸟。我在华沙还无意中发现过一个建在路灯杆里的麻雀窝，路灯杆上的电路箱门已经松动，麻雀钻进箱内，在电线和保险丝之间建了一个窝。

《神秘的鸟类》一书中记述过一个建在路灯的铜保护罩里的麻雀窝："深夜里的灯光并没有影响它们的生活，鸟儿们在巢里铺满了稻草、树叶、羽毛以及各种各样的碎布，这些东西形成了一道厚厚的保护墙，隔绝了刺眼的光线，而狭小的巢穴出口则开在灯光的阴影里。"

作者还写道："在盛夏时节，保护罩在阳光的照射下温度升高，人们不清楚在那种高温条件下，雏鸟是如何活下来的。"

最奇怪的是，在这种条件下，大多数鸟儿还成功地抚育了雏鸟。当然，失败的例子也不少。也许鸟儿们比我们更懂得挑选建巢的位置？也可能离人群近就会吓跑食肉动物？我不知道，我建议大家多多观察它们，因为聪明的鸟儿总能给你带来惊喜。

独居蜂的大作为

确地说出它们的种类。

蜜蜂中最有名的品种当属家蜂，这是一种已被人类驯化的蜜蜂，人们饲养家蜂通常是为了获取蜂蜜。家蜂的组织结构庞大，蜂群一般由成千上万只家蜂组成，每一个个体在蜂群中都有非常明确的分工。通常家蜂的蜂群中只有一个蜂后，蜂后是蜂群中唯一一只有权产卵的雌蜂，此外还有部分雌蜂作为预备蜂后存在，其余的雌蜂大多数是没有生育能力的工蜂。除了雌蜂，蜂群中还有少量雄蜂，其主要任务就是为蜂后提供精子。家蜂的这种分工合作关系一般可以维持几年。

和家蜂蜂群结构相似的还有熊蜂蜂群，不过熊蜂蜂群相对要小一些，成员从几十只到几百只不等。熊蜂生命一般只有一年，过冬后依然存活下来的都是新一代的熊蜂。

在波兰还有一些种类的蜜蜂，在这些种类的蜜蜂群中工蜂与蜂后没有太大区别；当然还有一些种类的蜜蜂也是集体群居，只不过每一只蜂后都有自己单独的巢穴。

波兰还有大约 400 种独居蜂，它们的蜂后自己建巢，把卵产在巢中，并存放必要的食物给即将孵化出的幼虫食用。然后蜂后从外面封闭巢穴，以此保护蜂卵和幼虫不被肉食性动物吃掉，这类独居蜂的蜂后产完卵后，很快就会死去。

我们在地面上发现了一些深灰色的蚯蚓粪便。这种颜色与周围沙土的棕黄色明显不同。我们弯下腰，近距离地观察着这些蚯蚓粪便。突然我们注意到它的旁边有一个小小的洞口，这应该是某种小型动物的洞穴，确切地说，应该是某种昆虫的。

就在这时洞穴的主人出现了，树林的一侧飞来了一只深棕色的满载着黄色花粉的蜜蜂。它落在洞边的一堆石头上，然后爬进了那个小洞。几分钟后，它从洞穴里探出头，长时间地观察四周情况，我利用这段时间，给它拍了几张照片。我不认识这种蜜蜂，我把照片发给了我的朋友瓦尔德曼·采拉尔教授，希望他能够帮我辨认一下这是什么品种的蜜蜂。在波兰约有 470 种蜜蜂，也许只有专家才能准

波兰共计约有 470 种蜜蜂，大部分蜜蜂都独自生活。

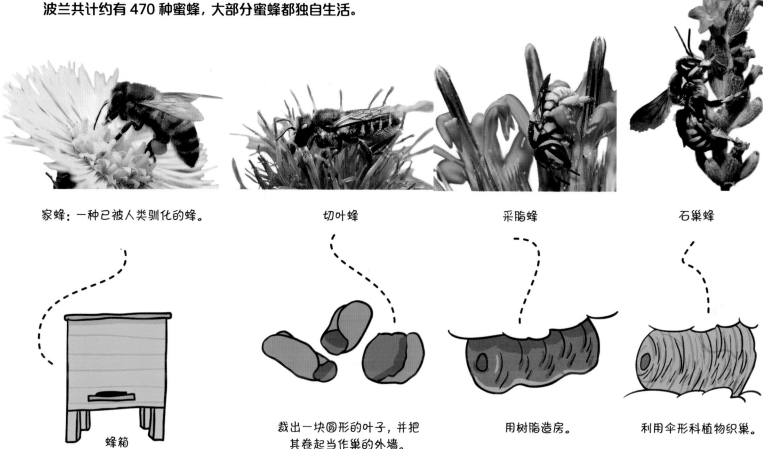

家蜂：一种已被人类驯化的蜂。　　　　切叶蜂　　　　采脂蜂　　　　石巢蜂

蜂箱　　　　裁出一块圆形的叶子，并把　　　用树脂造房。　　利用伞形科植物织巢。
其卷起当作巢的外墙。

　　还有一些独居蜂能为后代建造非常复杂的巢穴，比如切叶蜂，它们会裁出一块圆形叶子，卷成短号的形状，然后在里面放上花粉或者蜂蜜；石巢蜂利用空心芦苇杆、伞形植物或者砖块上的小洞建造巢穴，然后用嚼碎的叶子做隔墙，间隔出若干小巢穴；采脂蜂则利用树脂建造巢穴，然后再放入一些植物纤维。

　　这些独居蜂对我们人类来说都是益虫，虽然它们并不产蜂蜜，但是它们能为植物授粉，这对农民来说是件好事。因为许多野生植物或者农作物都需要蜜蜂授粉才能获得丰收，比如油菜、向日葵等。由于身体构造不同，不同种类的蜂授粉能力也不同。比如红菽草这类花茎较短的植物，舌头较短的家蜂根本无法接触到里面的花蕊，所以家蜂不会到这类植物那里去采蜜，也就不能帮助它们授粉，那么帮助这类植物授粉的事儿就要交给舌头相对较长的熊蜂了。再比如苜蓿类植物的花朵会炸裂，当家蜂或者熊蜂落在上

面时，它们的头部会遭受到这类植物的击打，两三次后，家蜂和熊蜂就不会再飞到苜蓿类植物上采蜜。这时，一些不怕这些花朵的独居蜂就有了用武之地，它们可以避开击打，成功采集花蜜，同时为它们授粉。还有一种名为"珍珠菜"的植物，它们不是靠花蜜来吸引昆虫为自己授粉，而是用油脂。由于家蜂不喜欢油脂，也就不会喜欢珍珠菜的花朵。这时某些具有海绵状前肢的独居蜂，它们可以利用前肢浸满油脂，所以它们喜欢到珍珠菜花中采集油脂，同时帮助珍珠菜授粉。

　　由于我为刚刚见到的那只独居蜂拍的照片比较模糊，瓦尔德曼·采拉尔教授也无法辨认它的种类，但结合照片的背景，他认为这只蜂可能是淡脉隧蜂。

　　正如我们所知，有意思的发现都是从脚下开始。让我们停下来，认真观察脚下的土地吧！

藏在水果里的大学问

"卡茨皮尔,你竟然吃光了我的野莓!"

"你说你不吃了,我才吃的!"

"我没说我不吃!"

"你说了!"

伊达和卡茨皮尔吵了足有十分钟了,我尽量让自己不去听他们的争吵声。这是一个炎热的夏日,森林里树叶"沙沙"作响,可他们却在一旁争吵不休……

我叹了口气,春天时,伊达在森林里感到很无聊,满脑子想的就是各种野果,比如蓝莓、野莓、树莓,等等。现在野果都成熟了,可以吃了,他们却吵了起来。

突然,伊达和卡茨皮尔停止了争吵。伊达开心地说:"卡茨皮尔,你看,这里也有野莓呢。"她竟然不生气了!

"哇,确实有好多野莓。"卡茨皮尔也开心起来。又有野莓吃了,两个人就不再争吵了。

夏季是果子成熟的季节,数不清的花朵正在凋谢,各种果实在成熟。不同的植物会利用不同方式把后代散播到世界各地,一些选择利用风,一些选择利用水,还有一些选择利用动物或人。

选择利用动物或人的植物,它们的果实一般美味又富有营养,以此吸引动物或人吃掉它们。美味的果肉被动物和人吃掉消化了,而消化不了的有硬壳的种子,就会随着粪便被排出体外。

这样,植物的种子就随着动物或人散播到了世界各地。通过这种方式,植物成功地散播了种子,而动物或人获得了营养。

只是有一点要注意:有些动物可以吃的果实,人不一定可以吃,因为这些果实对人来说是有毒的。比如,鸟类可以吃的槲寄生属的果实,如果人吃了就会中毒,会出现呕吐或腹泻的症状。还有一些植物,如铃兰、欧亚瑞香或颠茄等植物的果实,则容易致人死亡,这是一件多么可怕的事情啊……

幸运的是,还有许多植物的果实是人类可以食用的,比如美味健康的野莓、黑果越桔、覆盆子等。这些野生果实为了引起动物或人的注意,会用独特的颜色、气味让动物或人一下子就认出它们。

每种植物制造颜色、气味的方法都不同。比如,野莓在花朵根部长出自己的果实,果肉肥美、气味香甜。覆盆子的果实也是从花朵根部长出来的(这次伊达和卡茨皮尔辛苦地在小灌木林里采摘了一些),但是由很多个小果实组成的,这类果实叫作聚合果。每一个小果实都是一个独立个体,整个果实就像是由一个个特别小的李子或樱桃聚在一起,一簇簇的,很好看。黑果越桔则是单体果实,和人们种植的番茄、草莓、橙子、黄瓜等作物一样,果实内部有许多种子。黑果越桔与野莓、覆盆子情况一样,长出这样的果实,也是为了让动物或人吃掉。当然,为了健康,我们吃这些果实前,一定要认真地清洗。

对于植物来说,还有一件很重要的事儿要做:它们要确保果实在成熟之前不被吃掉。因为只有当种子发育好了才会生根发芽,植物才能达到散播种子的目的。所以,在种子成熟之前,它们的果实一般是绿色的,果皮坚硬,果肉酸涩,很难吃。而且,果实与植株紧密相连,不易采摘。只有等到种子成熟后,果实才变得美味多汁,颜色也变成了容易被发现的颜色。比如,成熟的野莓和覆盆子是红色的,而黑果越桔是深蓝色的。

我们要感谢这些颜色,让伊达和卡茨皮尔从远处就发现了它们的果实,并采摘回来,与我和亚采克一起分享。

有的夏季水果深受人们喜爱：

野莓

黑果越桔

覆盆子

而另一些是动物吃的，注意！这些
水果对人类来说是有毒的：

欧亚瑞香

槲寄生属

铃兰果

颠茄

49

7月21日

地点：
马塞诸塞
州剑桥市
【美国】

靠捡垃圾为生的动物们

我听到窗外不远处有动静，于是向院子里看去，想知道院子里发生了什么。这时只见一只灰色的、毛茸茸的松鼠从垃圾桶后跳了出来，三步两步就跳上了附近的一棵树，不见了踪影。

当然，这不是波兰松鼠，波兰松鼠的皮毛是红褐色的。这是一只美国松鼠（此时我们正在美国度假）。美国松鼠很漂亮，也很勇敢，它们敢在人居住的地方跑来跑去。早晨，孩子们还在睡懒觉的时候，它们就来到垃圾桶旁，找一些人类吃剩下的食物。

垃圾桶是这些生活在城市里的野生动物的主要活动场所之一，准确来说，是它们的"餐厅"之一。说实话，这家餐厅的服务质量不是很好，提供的都是残羹冷炙，有的味道极差，还有的已经变质过期。另外，餐厅的主人也不欢迎动物们的到来，常常呵斥驱赶它们。但是，动物们根本不在乎这些，照常光顾这里。原因很简单，这里有免费的食物，可以随便吃。有了这家餐厅，动物们就不用自己找食物了，就像刚刚这只松鼠，它不用到处挖金龟子幼虫，不必爬上高树采集坚果，也不用捕捉小型啮齿类动物。在这里，所有的食物都是准备好了的，就堆在那里，随便享用。

在华沙，经常光顾垃圾桶的是鸟类，主要有麻雀、寒鸦、喜鹊，还有秃鼻乌鸦。如果垃圾桶靠近水边的话，鸥鸟也会到垃圾桶里找食吃，另外我还听说过狐狸甚至是野猪到垃圾桶里捡垃圾吃。我在华沙的房子位置不好，观察不到这些靠垃圾桶生活的动物。这次在美国度假，我住的房子边有一个垃圾站，这让我观察这些动物方便了很多。我发现，在美国，除了松鼠，麻雀也经常光顾垃圾桶。还有一次，

我竟然在垃圾桶边发现了一只臭鼬。当时臭鼬打翻了垃圾桶，吃掉了里面所有能吃的东西。我们不敢赶它走，我们害怕它，因为它对付敌人的那件武器——令人作呕的臭气，太厉害了。所以我们眼睁睁地看着它吃完东西后离开了我们的院子。

据说还有比这更危险的事情，在罗马尼亚的布拉索夫市，熊也会经常到城市的垃圾桶里翻找食物，而这甚至成为当地的旅游项目。夜幕降临后，游客们成群结队到街上去观赏熊翻垃圾桶。其实这样的游览项目很危险，受到刺激的熊可能会攻击人，在布拉索夫就曾经发生过熊攻击游客的事件。

还有传言，吃垃圾为生的动物可能会散播疾病，因此，人们并不愿意让这些动物在自家附近出没。但我认为，这些动物，如我们透过窗户看到的美国松鼠和麻雀，是愿意与人类和平共处的，而那些垃圾就是人与动物之间友谊的桥梁，也是颁给动物"和平奖"的奖品。

垃圾桶成了城市野生动物们最喜爱的
活动场所之一。

臭鼬

灰松鼠

麻雀

海滩上的动物世界

这一天，我们去海滩上玩耍，但并没有躺在沙滩上晒太阳，因为这个季节美国的天气还有点儿冷，而且今天又是个阴天，天空中飘着大块的乌云，根本无法晒太阳。还有一个重要原因是海滩上有许多值得我们去发现的东西。

刚一到海滩，伊达和卡茨皮尔就跑开了，很快便不见了踪影。我有点儿担心，怕他们出现什么危险。但没过一会儿，我就听到了卡茨皮尔的喊声。

"伊达，快来！我找到了一些螃蟹螯！"他在礁石之间的缝隙中喊道，他的声音变小了，"还有它的壳，还有……哇，这里竟然有活螃蟹。"

我循声向卡茨皮尔跑去，在两块礁石间，我找到了卡茨皮尔，开始和他一起搜寻螃蟹。

很快，我们就发现一只小螃蟹一闪而过，接着，我们就在这里发现了一只又一只的螃蟹。一些螃蟹躲在贝壳里，一些螃蟹从我们的眼前跑过去，它们的移动速度快得惊人。对于人类来说，向前走理所应当，而横着走是无法想象的。可螃蟹却能以极快的速度横向移动，它们简直是这方面的大师。

螃蟹有十个附属肢，其中前部两个最大的附属肢进化成了钳子一样的螯。其他八个附属肢则作为腿，可以支持螃蟹在沙滩上快速穿梭。

一些性格相对温和的螃蟹可以让人抓在手中，而另一些脾气不好的螃蟹则会用一对大螯狠狠地夹人。

我就曾亲眼看见过螃蟹用螯夹人：一次，一个研究螃蟹的女科学家在用手抓螃蟹时，手指被螃蟹狠狠夹住，差一点儿被夹断。万幸的是，这片海滩上都是小螃蟹，我们没有被夹到手的危险。

你以为每一处海滩看上去都是空空的，什么也没有。其实，海滩上到处都有神奇有趣的生物。只要你用心观察，就能轻松地发现它们，比如螃蟹、海星、蛇尾、石鳖、贝壳和海蜗牛等。

《福布斯》杂志上曾经刊登过的《海滩上的微世界》一文中写道："在沙粒间孕育了众多生命，它们的生命形态多种多样，从海洋深处到被阳光晒得滚烫的海滩，都有生命体的存在。海洋生命体的丰富性一点儿也不比森林差。海洋生物中有的肌肉强劲有力，它们靠着肌肉的收缩，便可在沙粒间自由移动，还有的海洋生物身体极长，有的身体柔软……但大部分海洋生物都能分泌黏性胶状物，帮助它们附着在岩石或沙子上。海洋生物以海为生，海洋给它们带来什么，它们就吃什么。从海藻残渣到动物尸体，有时还会猎杀海滩上的其他生物。"

我们在海滩上玩的时候，伊达还看到了另外一种动物——海鸬鹚，它们一动不动地站在海里的木桩上。伊达久久地盯着它们看，最后她还兴奋地拿出照相机给海鸬鹚们拍了几张照片。

天气虽然阴沉寒冷，但海滩上的探险，使我们收获了很多知识。

螃蟹

你以为每一处海滩看上去空空的，什么也没有，其实海滩上到处都有神奇有趣的生物。

家里来了一只啄木鸟

8月8日
地点：波德拉谢【波兰】

大啄木鸟
（雄性）

"沃伊切赫！沃伊切赫！你快过来看！"听到妻子紧张的呼喊声，我立刻从电脑前站起来，奔向露台。

我们正在孩子们的祖父家度假，我妻子带着亚采克在露台上玩。妻子惊慌的声音就是从露台上传来的。我向露台看去，瞬间就明白发生了什么。

这个露台四周安装了透明的玻璃挡板，一只受惊的啄木鸟在椅子与挡板之间扑腾着，它透过挡板可以看见树、草坪，还有自由。它试图冲出露台，但一次又一次撞在挡板上，它不明白自己为什么无法飞出去。看来它并不知道，它必须飞得再高一些，要高过挡板，才能获得自由。还好我曾经学习过如何捕捉鸟，我走过去，用手把它轻轻按住。

伊达和卡茨皮尔闻声跑了过来，他们仔细看了看这只啄木鸟，还给它拍了一张照片，然后我们就把它放归自然了。

重获自由的啄木鸟落在了附近的一棵树上。看来，无论什么人，无论发生什么事儿，都不能阻止它寻找美味的昆虫。而我们则开始欣赏刚刚给啄木鸟拍的那张照片。

我们仔细辨认这只啄木鸟，看它是属于什么品种。这只啄木鸟长有斑纹和黑白相间的羽毛。根据羽毛颜色我们排除它是棕灰色的扭颈啄木鸟、通体漆黑的黑啄木鸟、绿啄木鸟和灰头绿啄木鸟的可能性。

它也不可能是小斑啄木鸟，这种啄木鸟个头比较小，被称为侏儒啄木鸟。我们也排除了三趾啄木鸟，三趾啄木鸟长有金色的羽冠，而这只啄木鸟长的是红色羽冠。

这只啄木鸟头顶上的黑色条纹从两腮一直生长到喙部，这说明它不是大斑啄木鸟。白颈啄木鸟和白背啄木鸟是波兰非常罕见的品种，这只啄木鸟也不可能是这两种。

最后我们确定这只啄木鸟应该是普通的大啄木鸟。大啄木鸟是波兰最常见的啄木鸟，雌性长有黑色羽冠，雄性也长有黑色羽冠，但是枕骨点缀着红色斑点。而未成年的大啄木鸟，无论雌雄，头顶均为红色。我们翻阅了飞禽图册，最终确定这是一只未成年的大啄木鸟。

在这个季节，这属于正常现象。每年7月，很多刚刚离开巢穴的小啄木鸟，开始学习和尝试独立飞翔。由于没有经验，经常掉到飞速旋转的车轮下或落入猫爪，有时它们不知道玻璃里的树是反射的影子，于是径直地朝窗户飞，一头撞到上面。有时它们也会被人捉住，就像这次我们捉住的这只未成年的啄木鸟一样。

当然，很多人捉住以后，就把它们放归自然了，而啄木鸟把这段不美好的记忆当作一种教训，回去后，继续正常生活。但有时候它们也会伤势严重，无法自愈，在这种情况下，我们最好联络鸟类中心的专家，寻求帮助。

在波兰，这样的鸟类中心有好几家，它们通常坐落在动物园或是林场附近。专家一般会通过电话指导治疗，经常是一边听鸟类伤势的描述，一边给出治疗意见。如果情况特别危急，那就需要求助专业动物运送和治疗团队了。幸运的是，我们捉到的这只啄木鸟并不需要救助。

我们衷心地祝福它能够快点儿学会分辨哪个是玻璃里的假树，哪个是自然界里的真树。

孩子们的祖母决定在露台上给鸟儿树立一个风车形状的"警告牌"，这样既不伤害鸟类，又能使它们远离了玻璃。希望能有效吧！

大啄木鸟
（雌性）

黑啄木鸟

大斑啄木鸟

灰头绿啄
木鸟

扭颈啄木鸟

绿啄木鸟

白颈啄木鸟

侏儒啄
木鸟

三趾啄木鸟

波兰其他啄木鸟品种：

白背啄木鸟

大啄木鸟
（未成年）

它一定是未成年的
大啄木鸟！

斑纹、黑白相间的羽毛

红色的羽冠

两颊长有黑色
条纹

8月10日
地点:
波德拉谢
【波兰】

燕子和燕子们的巢

家燕

伊达正在向我们讲述她救下这只燕子的过程："咱家的猫想吃掉它,它在椅子上挣扎着,腿被椅子上的网袋缠住了。我走过去,想帮帮它,结果它更害怕了,一下子跳到了沙发的靠垫上,猫紧追不舍,我赶紧伸出手,把它保护在了手里。"

我为伊达感到骄傲,我们参加过一次给鸟类上脚环活动,在波罗的海海岸边,伊达学会了如何正确地捕鸟,且不把它弄伤。所以当看到燕子被钩住了双脚,难逃猫爪时,她才能在第一时间出手相救,非常专业地救下小鸟,让它

幸免于难。

我们匆匆地打量了这只燕子一番,就把它放归自然,让它重获自由了。

在波兰,主要生活着三种燕子。最稀有的是崖沙燕,崖沙燕喜欢在河畔、沙丘和砾石悬崖上的洞穴内建巢。崖沙燕长有棕灰色的背部和羽翼,腹部纯白色。另一种燕子叫白腹毛脚燕,这种燕子的体形比崖沙燕大一些,羽毛为黑色。它们喜欢用黏土筑巢,并在鸟巢的侧面留一些小孔。白腹毛脚燕的巢穴时常建在人类住房的窗檐上,因此得名"窗前燕"。人们不喜欢白腹毛脚燕,因为它常常从巢中直接把排泄物排出,把窗台弄得很脏。三种燕子中体形最大的是家燕。和白腹毛脚燕一样,家燕也给人带来类似的麻烦。家燕也用黏土筑巢,一般还会在巢中放上草叶或其他植物。家燕的巢穴是半开放的,一般建在牛棚和谷仓里,

坏猫!想都别想!

56

波兰的燕子和它们的巢：

白腹毛脚燕

崖沙燕

也有建在桥底的，有时家燕也把窝搭在人类住房的窗檐上。家燕长有乌黑的羽翼、雪白的腹部，额头和下巴上还长有红色的色块。人们可以根据这些特征，轻而易举地认出家燕。

伊达救下的燕子就是一只家燕。它的额头和下巴上长有红色的色块，不过颜色有些黯淡，额头上的色块比较小，在喙角处还有明显的黄色斑点。我翻阅了飞禽图册，就如同啄木鸟事件一样，确认这是一只幼年的家燕。正因为如此，它才如此草率地靠近猫咪，随后又像无头苍蝇一样，慌不择路，险些丧命。

我在《波兰飞禽全书》中读过相关的文章，文章指出：幼年的家燕经常遭遇危险，但这种做法是它们在训练自己，希望能从危险中吸取经验和教训。每年9月，会有很大一部分家燕幼鸟因为经验不足而死去。

孩子的祖父家附近总能看到年幼的家燕飞来飞去，家燕群体每天都在壮大，它们不停地叽叽喳喳地叫着，在人们头顶盘旋着，最后停在电线杆上。到了9月底，家燕就该迁徙走了，它们的迁徙地很远，要一直飞到非洲。

可能，伊达救的家燕也会去非洲吧。刚才我们把它放飞的时候，我还在担心它不能顺利迁徙，因为，在伊达手上，它扑闪着翅膀却不能飞翔。过了一会儿，它跳了两下，纵身展翅飞起，身影在院子上空划出一道完美的弧线。如果它能成功地抵达非洲，也许来年开春，它还会回到这里，在这里安居乐业。

57

沙坑里的蜥蜴

"这已经是我今天见过的第三只蜥蜴了……"孩子们的表哥阿达西说道。

说实话，我本以为我的发现会让孩子们大吃一惊。晚上，我们坐在院子里休息，突然从沙坑那边传来一阵"沙沙"声。我飞快地跑过去，只见一只小巧的蜥蜴被卡在沙粒间动弹不得。我把孩子们叫过来，一起观察这只蜥蜴。但孩子们的表现没有我想象的那么兴奋。阿达西将蜥蜴放在手上，让蜥蜴摆脱了困境，毕竟它在沙坑里可能会被人不经意间伤害到。

"叔叔，这只蜥蜴肯定是不久前产过卵。"阿达西说，"它浑身黏糊糊的，沾满了沙土，这黏液应该是蜥蜴卵的黏液。以前我见过两次蜥蜴，有一次，我们在这个沙坑里玩，偶然发现了一些蜥蜴卵。蜥蜴卵外壳比鸡蛋壳软一些，当然，后来我又用沙子把蜥蜴卵盖了起来。其实，很早以前就有蜥蜴在这个沙坑里产过卵。对了，叔叔，你见过蜥蜴打架吗？"

"没见过。"我回答。

"我见过。不久前我在草丛边的沙坑里看过两只蜥蜴打架，那两只蜥蜴奋力向对方扑去，先是张牙舞爪，然后一个后转身。"阿达西用手比画着说，"叔叔，你有时间可以看看。"

我们回到房间后，我查阅了画册，波兰主要生活着四种蜥蜴：一种是我们刚刚见到的沙蜥；还有一种蜥蜴是胎生蜥蜴，胎生蜥蜴不产卵，而是直接把小蜥蜴生出来（欧洲南部的蜥蜴多为卵生）；第三种蜥蜴叫翠绿蜥，翠绿蜥在波兰已经消失多年，恐怕，它们在波兰已经绝迹了，它

们长有鲜绿色的皮肤，当发现有危险时，它会变成棕色；第四种蜥蜴是无脚蜥蜴，无脚蜥蜴没有四肢，因此，它很容易被误认为是蛇。

沙蜥行动灵活，好动，喜欢晒太阳，遇到危险时，它会躲在啮齿类动物的洞穴里或是岩石的缝隙中。它们捕食不同种类的小动物，最喜食蚱蜢、草蜢和蟋蟀，同时也吃一些甲虫、蜈蚣、蜗牛、毛虫、甚至是其他蜥蜴及蜥蜴卵。它们捕获了猎物之后，先将其在口中咬碎咽下，然后用它分叉的舌头舔一舔自己的嘴巴。

你看，我们从一个沙坑里可以学到多少东西啊！

沙蜥，波兰最常见的蜥蜴

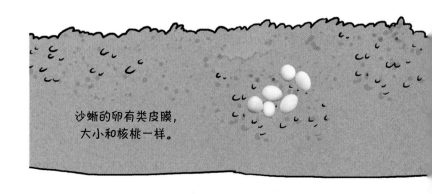

沙蜥的卵有类皮膜，大小和核桃一样。

在波兰境内已知的有（或曾有）四种蜥蜴：

翠绿蜥蜴，已经消失多年

胎生蜥蜴

无脚蜥蜴，它不是蛇

你们看，蜥蜴！

对，对，这肯定是沙蜥！

叔叔，这已经是今天我见到的第三条蜥蜴了！

59

为什么蜗牛愿意住在壳里?

"叔叔,你看,这只蜗牛生小蜗牛了。"亚希把自己从水中捞出的一个贝壳给我看,壳里有十几只有壳生物。

"不对,这不是生小蜗牛。"我说,"因为蜗牛不是胎生的,而是卵生的。"

亚希没有说话,皮艇在纳雷河的旧河道里无声地划行着。这里曾经是纳雷河的主河道,很多年前纳雷河改道了。这里只留下一个狭长的小水库,有一些窄窄的水道与其他水域相连。

亚希喜欢和我一起在这里划船,因为水库的水是静止的。这里生长着大量植物,有芦荟、蓬杂草、金鱼藻、水菜花、浮萍和睡莲。在这个水下丛林中,潜伏着许多动物,有蜻蜓的幼虫、谷仓、水蜘蛛和蜗牛,数量极为庞大。

数量最多的蜗牛是扁蜗牛,这种蜗牛的突出特点是外壳是扁的,卷成圆形。它们用坚硬的舌头舔食石头和植物上的水苔藓。水苔藓是它们的主要食物,有时也会吃生物残骸,甚至舔食小块植物。它们用肺呼吸,所以时不时的会游到水面上呼吸空气。

还有一种蜗牛叫大池塘蜗牛,它的生活方式与扁蜗牛相似,但是它们的外壳形状不同。大池塘蜗牛的壳细长,形状像扭曲的冰激凌球。大池塘蜗牛最喜欢吃活的水生植物,有时也吃落叶、藻类,甚至是死去的动物。扁蜗牛和大池塘蜗牛的卵都是被包裹在凝胶状的物质中。

而另一种蜗牛——螺蜗牛则把卵放在自己的身体里,直到开始孵化。这样做是为了让小蜗牛在一个相对封闭安全的环境中孵化、长大。螺蜗牛没有肺,靠鳃呼吸水中的氧气活着。波兰的淡水蜗牛还有囊螺、玉女蜑螺、黄金螺等。

亚希小心翼翼地从蜗牛壳中挑出所有的有壳动物,仔细检查。如果有活的生物,他就把它扔回水中,如果是空的,就把它放入皮划艇中。

"看,叔叔,这里有一条水蛭。"亚希给我看他的新发现。蜗牛壳里有一暗色的长条生物。我们观察了它一会儿,就把它放入水中。

"咦,这是什么?"亚希奇怪地问道。

蜗牛壳里有一层膜,膜里面什么也没有。很明显,这里曾经生活过某种生物,不过现在它已经逃出了家门。

"真有意思。叔叔,为什么有这么多的生物愿意住在蜗牛壳里呢?"亚希好奇地看着我。

"我觉得是它们是为了安全考虑。最初,壳保护蜗牛不受伤害,后来其他动物为了安全也钻到蜗牛壳里。捕食者对于外面的壳无能为力。如果没有这个壳,住在里面的小动物们可就危险了。"

回到了家,亚希把他这次旅行收集到的东西进行了整理分类,然后数了数。

"叔叔,"亚希感觉很自豪,"这次旅行,我一共收集了69个蜗牛壳,再收集31个我就有100个了,所以,我还想再去一次那个水库,好吗……"

60

水生生物：

浮萍

水菜花

眼子菜

欧亚浮蓬草

光叶眼子菜

淡水蜗牛：

扁蜗牛

大池塘蜗牛

螺蜗牛

61

工程师们羡慕的蛛网

"我闭着眼睛都能认出横纹金蛛。"卡茨皮尔自信地说。

我觉得他说的有点儿太夸张了，横纹金蛛长的确实与其他蜘蛛都不一样，很容易辨认出来，它体形不大，身上长着黄黑色条纹，这些条纹和老虎身上的条纹差不多。不过，要说闭着眼都能认出它，我觉得还是不太可能。

其他孩子根本没有在意卡茨皮尔说的是什么，他们正交流着有关蜘蛛的信息。蜘蛛是一种常见的小型食肉动物，在世界各地都有分布。每年8月，大多数蜘蛛已经成年，蜘蛛网的数量也就随之增加了。蜘蛛主要生活在草地、围墙和房屋墙壁上，当然，哪里有蜘蛛，哪里就有蜘蛛网。

横纹金蛛结的网结构坚固，设计巧妙。几年前，在波兰，横纹金蛛还是罕见物种。如今，横纹金蛛已经十分常见。它被移出了受保护动物名单。

蜘蛛中编织蛛网最厉害的，除了横纹金蛛，还有平肩蜘蛛。平肩蜘蛛编出的蛛网面积大而且坚韧、整洁。其他蜘蛛的蛛网没法和它们的网相比。但是，即使是普通的蛛网也让人类羡慕不已。蜘蛛们编织的蛛网的质量十分高，它既有钢的坚固，又有橡胶一样的良好韧性。人类很难制造出这样的材料。通常，如果人类经过努力，生产出一种坚固材料，那么这种材料往往没有韧性。如果经过努力生产出有韧性的材料，往往又会失去坚固性。而蛛网却可以两者兼顾。

哦，对了，蛛网还有一个让人难以置信的地方，就是

横纹金蛛

平肩蜘蛛

蝇虎

当有猎物撞上蛛网时，通常只会损坏其中一两根蛛丝，其余的蛛丝可以完好无损，蛛网也可以继续使用。同样的情况下，人类制造的机械设备受到撞击的话，这些机械设备就会有不同程度的损坏，甚至无法继续使用。无论汽车、飞机、电脑等都是这样。

此外，与钢材相比，蛛网是在正常温度下制造产生的，不需要高温锻造。其主要原材料也不是从地球的深处挖出来的，更不是从遥远的外太空获取的。制造蛛丝的原材料随处可见，只需要几只苍蝇提供足够的蛋白质就可以了。

正因为如此，科学家们一直在研发一种超级材料，能够像蛛丝一样。科学家计划把这种超级材料用于手术后的伤口缝合，修复断裂的骨骼和肌肉，以及人体供应药物系统。科学家还想用这种超级材料制作小提琴弦、渔网和防弹背心等。

当然这是人类的用法，与蜘蛛使用蛛网的目的没有任何关系。蜘蛛编织蛛网是为了捕捉昆虫，它们等待着猎物自己送上门。

一些没有注意到蜘蛛网的"冒失鬼"撞进去，陷入网中。

蜘蛛网会把它牢牢地黏住，猎物的撞击使蛛网的振动幅度变大。蜘蛛就会立刻感知到这种振动，它沿着蛛网向猎物逼近。当它到达猎物附近时，先用蛛网一层层地包裹住猎物，使猎物无法逃脱，接着用自己的螯肢刺入猎物体内，然后就可以开始享受美餐，摄取营养了，最后剩下不好吃的地方，蜘蛛就会毫不留情地扔掉。

在波兰生活的大多数蜘蛛不会咬人，孩子们听了十分高兴，他们开始在草地和房子周围寻找蜘蛛和蜘蛛网。

"嘿！看这里！我发现了一只蝇虎！"孩子们的表兄马雷克突然叫起来。

蝇虎是一种特殊的蜘蛛，它会抽丝，但不会结网，它十分善于跳跃，所以人们也叫它"跳跃蜘蛛"。

"我的横纹金蛛抓到了一只蚂蚱！"孩子们的另一位表兄尤莱科也兴奋地高喊着。

其他的孩子们一听，立刻冲过去看，看来，他们对我讲的故事根本不感兴趣。好吧。我也认为，大自然……嗯，是的，大自然才是最好的自然老师。

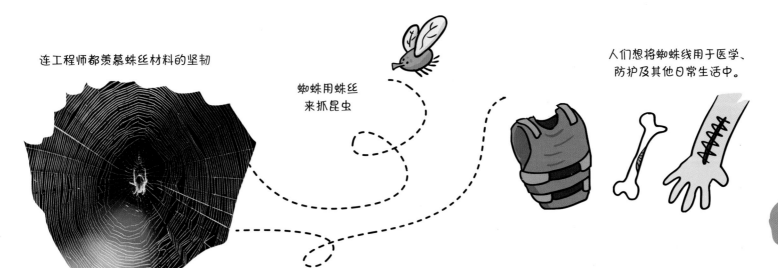

连工程师都羡慕蛛丝材料的坚韧

蜘蛛用蛛丝
来抓昆虫

人们想将蜘蛛线用于医学、
防护及其他日常生活中。

水鼩鼱是个大吃货

波兰的鼩鼱情况介绍

水鼩鼱

"哎呀，这儿有一只大老鼠！"亚希喊道。

我俯下身，看着这只深灰色的小动物，它躺在这条没有多少行人的小路上，已经死了。

"这不是老鼠，它是一只鼩鼱。"我纠正了亚希。

"它和刺猬长得好像啊。"尤莱科补充道。

"你真棒！"我夸奖尤莱科，"鼩鼱与刺猬是同属一个亚纲的动物呢。"

人们经常把鼩鼱与老鼠混淆，因为它们大小相仿，还都是灰色，都生活在地下，都不引人注意。但鼠类，如老鼠、仓鼠或松鼠等，属于哺乳类啮齿动物，而鼩鼱属于食虫类哺乳动物，和尤莱科所说的刺猬同属一类动物，这一点孩子是怎么猜到的呢？

"因为鼩鼱的嘴和刺猬的嘴长得很像啊。"尤莱科解释道。

孩子们变得越来越棒了，他们已经学会用心观察世界了。当然，鼩鼱和刺猬相似的地方远远不止是嘴，还有饮食。

多数啮齿动物是食草动物，它们也会偷吃人类的粮食。而鼩鼱和刺猬却是贪婪的食肉动物。

鼩鼱一天到晚总是吃个不停，吃昆虫、蠕虫、蚯蚓、蜗牛……什么肉都吃，它的食量是蛇的两倍。如果短短几个小时没有食物，鼩鼱就会饿死。所以当食物比较富足的时候，鼩鼱就会把食物储存起来，以备不时之需，当然这些食物不能被其他鼩鼱发现。

到了冬天，当食物匮乏时，鼩鼱的身体就会缩小，包括骨骼、内脏，甚至大脑。因为身体变小了，就不需要太

多食物，就更容易在饥饿和寒冷中生存。

在波兰，一共有8种鼩鼱。我们发现的这只是水鼩鼱，其余的还有中鼩鼱、小鼩鼱、克什米尔鼩鼱、北小麝鼩、普通鼩鼱、长尾鼩鼱和小长尾鼩鼱。后两种鼩鼱是波兰仅有的两种有毒的哺乳动物，它们通过有毒的唾液捕猎水下动物。

在漫画书《鼩鼱的命运》中有大量关于鼩鼱的故事，孩子们很喜欢这本书。书中介绍说，尽管鼩鼱浑身臭烘烘的，但还是有许多食肉动物会捕食鼩鼱。

"大多数食肉动物被鼩鼱分泌的难闻气味熏跑了，"书中写道，"但它们还是经常成为猫的攻击对象。"

我们遇到的这只水鼩鼱，它可能被猫攻击了，原本猫想抓住它，但闻到它身上的怪异气味后就放弃了抓捕。

我们希望下一次可以看见一只活的鼩鼱，当然，我们肯定不能像研究死鼩鼱一样，可以研究它这么久。它一定会想办法从我们的双腿之间溜走，消失在草地上，继续它疯狂的寻找食物之旅。

小心，有蛇！

"爸爸，那儿有条蛇！"伊达站在一座小桥上，用手指着桥下。

小桥下是一条潺潺流淌的森林小溪，不远处有一座土埂，调节着河水和邻近池塘的水位。小溪四周的水塘长满了水藻，其中的一个水塘中有一条蛇在游动，正好被伊达看到。

我立刻跳进水塘，想要给这条蛇照几张相，卡茨皮尔也跟着我跳了下来。可是我刚拍了一张，蛇便没入水中，向水底游去，很快钻入水藻中，不见了踪影。我们一起找了一会儿，也没有找到，不知道它去哪儿了。

虽然它跑得很快，但我们还是看清楚了，这是一条草蛇。草蛇在波兰十分常见，它们通常可以长到一米左右，身体颜色一般为灰色、黄绿色或者棕色。这种草蛇很容易辨认，在它头的后面和侧面有许多黄色斑点，因此它的另一个名字是"头斑蛇"。这是一种无毒蛇，对人没有危险。但是，当它受到攻击或者受到极度惊吓时，也会装出吓人的样子：张开嘴，发出嘶嘶声，肛门附近还会分泌出有臭味液体。如果还是没有用，它就会装死，一动不动地躺着，张着嘴，伸出舌头。

波兰还有一种蛇，是有毒的蝰蛇。蝰蛇的蛇毒会引起血液腐坏，被它咬上一口的老鼠、青蛙、蜥蜴和小鸟很快就会中毒死去，最终成为蝰蛇的食物。人被蝰蛇咬伤后，伤口会肿胀，并且有剧烈的疼痛感，接着就会出现身体虚弱、呼吸困难、出汗呕吐或者昏厥的现象。蝰蛇的蛇毒一般不会致人死亡。但是，小孩子、老人或者心脏病人要注意，蝰蛇的毒对他们来说是致命的。如果我们遇到蝰蛇，一定要非常小心。

蝰蛇与其他种类的蛇很好区分，蝰蛇脊背上长有漆黑的锯齿形的条纹，这种条纹从颈背一直延伸到尾巴，但有的蝰蛇通体漆黑、全身没有条纹。通常蝰蛇的头部是心形的，身体厚重，瞳孔是直立的。

波兰还有一种与蝰蛇长得很像的蛇——方花小头蛇，这是一种体形细小的蛇，头部长有斑点。它的脊背上没有黑色的条纹，但是有一排黑色斑点。它的身体十分柔软、细长，头很小，脖子细的像是随时会断掉一样。当它受到攻击时，它会尝试攻击对方，一副气哼哼的样子，因此得了一个"爱生气的蛇"的绰号。虽然这样，可它并不危险。

还有一种蛇叫长锦蛇，这种蛇很少见，因为它只生活在波兰南部的贝尔施查德山区。长锦蛇是波兰最大的蛇，身长最长可达2米，是波兰唯一一种可以爬树的蛇。

草蛇和波兰其他种类的蛇还有一个不一样的地方，它会游泳和潜水。所以，我们经常能在水边或者水里看到它。草蛇在水里捕猎，一旦追上猎物，它不会用身体缠住猎物，而是用嘴咬住，然后把猎物活活吞下去——因为它们没有毒牙，所以只能活吞猎物。

草蛇最喜欢捕食青蛙，有时候也吃蟾蜍、水生蝾螈和鱼，如果遇到蚯蚓、老鼠、小鸟或者蜗牛等小动物时，草蛇偶尔也会尝尝鲜。

每年3月到5月，草蛇开始进行交配，6月到7月，有时候是8月，草蛇开始产卵。草蛇妈妈会寻找腐烂的植物堆、腐坏的木头、松软的地面或者洞穴产卵，它们把卵埋起来，然后就不管了。蛇卵会在四到八周内孵化出小蛇，蛇卵的孵化时间的长短取决于周围的气温。刚出生的小蛇破壳而出，肤色和样子和它们的爸爸妈妈一模一样。

今年9月，我们到森林旅行过一次，就见过这样一条小水蛇，长度还不到30厘米，我们给它照了几张照片。为了照相，我们的鞋子都湿透了，但我们很高兴，为自己留下了一段精彩的记忆。

67

橡果能吃吗？

9月20日
地点：
马佐夫舍
【波兰】

"开始玩'橡果抓人游戏'喽！"我一边喊，一边把手里的橡果扔到伊达身上，然后马上跑开了。

这是我们在森林探险时想出的游戏，森林里满地都是橡果，于是我们就想出用它们玩"橡果抓人游戏"。游戏规则很简单，就是一个人拿着橡果，去追另一个人。如果他能把橡果扔到对方身上，那他就赢了。而那个输了的人，再拿着橡果追逐其他人，直到他也能把橡果扔到别人身上，抓人游戏是过去孩子们经常玩的游戏。除了玩游戏，用橡果还可以做点儿别的，比如，用细木棍儿或火柴杆儿插进橡果里，做成小人儿或小动物的模样。但是，最让我们开心的还是抓人游戏。

我们玩累了，开始仔细观察这些橡果。橡果是波兰最大的树——橡树的果实，它和榛树的果实（也就是榛子）很像。橡果属于坚果类，含有丰富的淀粉，还有油脂、蛋白质和维生素等，具有很高的营养价值。森林里的动物们，比如松鸦、松鼠、老鼠、田鼠、园睡鼠、野猪，甚至欧洲野牛，都喜欢吃橡果。

橡树不是每年都产橡果，它一般隔几年才会成熟一次。每到橡果成熟的季节，森林如同举行盛大宴会一般热闹起来。动物们纷纷赶来，一次吃个过瘾。有些动物如老鼠或田鼠，它们还会储藏橡果，留着冬天再吃。有了这些橡果，即使在最寒冷的年份，它们也不会忍饥挨饿了。冬天，它们躲在雪下，一边吃着橡果，一边等待着春天的到来。有时候，过冬的橡果储存多了，老鼠数量也会相对增多。

老鼠等啮齿类动物吃橡果，而食肉动物吃啮齿类动物，比如貂鼠、黄鼠狼、猫头鹰和鹰等，都喜欢吃啮齿类动物。一般橡树成熟的第二年，啮齿类动物的数量就会增多，随之食肉动物的数量也会增加。如果橡果吃完了，新的橡果还没有成熟，这些动物们就要挨饿了。

橡树每一次产果后，都会好好地休息几年。所以，森林里的橡果吃完了之后，几年内是不会有新橡果的。因此许多以橡果为主要食物的啮齿类动物就会饿死，食肉动物也就失去了食物，它们的数量也会随之大幅下降。在饥饿中存活下来的动物，必须等到几年后结出新橡果，才能恢复生机，这就是大自然的生命循环。

"人可以吃橡果吗？"卡茨皮尔在听了我的讲解后问道。

据我所知，橡果含有大量的化合物——丹宁酸，因此它的味道非常苦涩，而且橡果对人体是有害的。在网上有一本叫《野外厨房》的书，书里讲道："生吃几颗橡果是没有问题的，如果吃的数量过多，舌头就会麻木，人也会出现便秘或头痛的症状。"因此只有在极度饥饿的情况下，人们才会吃橡果。

有人把橡果磨成橡果粉，拌上面粉做面包吃，还有人用橡果煮粥喝，或者煮橡果来当咖啡喝。不过也有一些人有办法去除橡果的苦味和有害的物质，比如，在地中海的撒丁岛上，人们为了去除橡果的苦味和有害物质，通常会把橡果和泥土一起煮。而生活在北美洲的印第安人则会把橡果埋在湿软的土地里，一般埋两年后才会食用。还有一些印第安部落用拌有木灰（一般常用的是椴木灰）的水溶液浸泡或者煮橡果，然后把橡果晾干、捣碎，再加入到面粉中食用。

现在的一些美食爱好者正在尝试着用《野外厨房》记载的古老方法做橡果食品。《野外厨房》中记述了制作橡果汤和橡果炖牛肉的方法，我还在网络上找到了美国的橡果馅饼的配方。不过，我们可没想过要做橡果食品或橡果菜，我们只生吃过几颗橡果，那种苦味让人接受不了，估计做出来的食品或者菜也不会很好吃。所以，我们还是用橡果玩抓人游戏吧。

屎壳郎为什么滚粪球?

"卡茨皮尔，快停下来，别闹了！"我和伊达不满地喊道。

"怎么了？我是探险英雄肯佩斯卡，我要像他一样征服这片原始森林！"卡茨皮尔匆匆地回答道。然后又开始在我们身边跑来跑去，嘴里嚷着："肯佩斯卡！肯佩斯卡！肯佩斯卡！"

我们来到卡姆比诺斯卡原始森林，是来接触大自然的，可不是听他这么吵吵闹闹的。但遗憾的是，我们并没有看到太多有趣的东西，多少有一点儿无聊，只有卡茨皮尔一直很兴奋。

"快看，这儿有一只粪蜣螂！"卡茨皮尔突然不嚷了，而是让我们过去，我们都松了一口气。

"爸爸，快来看，它在推粪球！"

我俯下身子，在林间小路的中间，有一只大肚子的、深黑色的、浑身闪光的甲虫正奋力地推着自己团好的粪球，朝着一个挖好的小洞爬去。卡茨皮尔没有看错，这确实是一只蜣螂。

蜣螂是一种具有特殊生活习性的甲虫，它们习惯在地上挖洞，在洞里储存有机物质，也就是森林里的植物垃圾或者动物粪便。它经常将植物垃圾或者动物粪便团成一个小球，然后在地上推着走，直到推进自己准备好的洞里。

蜣螂将粪球推进洞里后，就把卵产在粪球上。当幼虫孵出后，就能够直接享受这些食物，这些食物完全可以让小蜣螂吃到长成成体。

蜣螂是非常有爱心且又负责任的家长，它为一个卵准备好食物后，便爬出洞穴，再为下一个卵准备食物。蜣螂通常挖一个垂直的洞穴，再在洞的墙壁上挖几个横向的洞。通过这种方法，蜣螂可以同时为两个以上的卵提供保存食物的地方。

在波兰生活着几种蜣螂，其中最常见的有三种：森林蜣螂、春蜣螂和粪蜣螂（也就是屎壳郎）。

春蜣螂的鞘翅与众不同，是平滑的，而其他种类的蜣

在波兰生活着几种蜣螂。其中有三种是非常常见的:

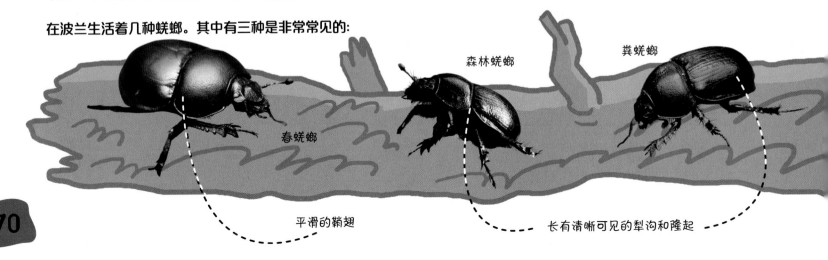

春蜣螂

森林蜣螂

粪蜣螂

平滑的鞘翅

长有清晰可见的犁沟和隆起

蜣螂的生活周期:

（1）建造洞穴

（2）带回食物（垃圾，粪便）

（3）产卵

（4）幼虫孵化

（5）一年后幼虫变成成年蜣螂。

呼！呼！

呦吼！

嗯——，好吃的！

世界，我来啦！

秋天蜣螂在短距离内运送大粪球，当然是为了自己食用。

螂的鞘翅上长有清晰可见的犁沟和隆起。森林蜣螂和春蜣螂主要生活在森林里，而粪蜣螂则比较喜欢生活在树丛以及开阔地带。

现在这只在我们脚下推动粪球的蜣螂，长着一对精美如雕刻般的鞘翅。这都表明它可能是森林蜣螂，但不排除它是粪蜣螂的可能性，卡茨皮尔的猜测也可能是对的。

我们感到奇怪，按理说，一年中的这个季节，蜣螂是不需要准备粪球的。蜣螂一般是春季建造洞穴、产卵，9月末对它来说太晚了。在这个时候准备粪球，大概是为它自己准备的，而不是为了它的后代。

这个问题，我一直没有答案，为此我向马雷克·科兹洛夫斯基教授请教，他是华沙农学院的甲虫专家。

马雷克教授回答我说："它在地面上制作粪球，并且在短距离内运送这个大粪球，通常就是为了自己准备的。"

听了教授的答案，我们明白了，蜣螂的生活可能比我们看到的更加复杂。

啄木鸟厨房

"爸爸，有啄木鸟，我听见它的声音了！"伊达大声叫着。

我们在森林里静静地走着，仔细地听着周围的动静。这个季节，大自然完全安静下来了，听不到动物的叫声，也听不到鸟儿"呼喇呼喇"地拍打翅膀的声音。突然，从树顶传来了一阵"咯吱咯吱"的声音。

"呃……"我打破了宁静，"这不是啄木鸟的声音，而是风吹动树枝的声音。"

这时我又听到了另一种声音，就在高高的松树树冠附近，传来了一阵清晰响亮的声音，不用怀疑，那一定是啄木鸟发出的。

我大声喊道："伊达，快回来，看那边，在树枝上有一只啄木鸟。"

我把望远镜递给了伊达，她费了九牛二虎之力，好不容易才找到那根树枝。

"你看见它了吗？"我问道。

"嗯？！"她不确定地嘟囔道。

啄木鸟是很难被肉眼发现的，但是有了望远镜就容易多了，我们甚至可以看清它黑白相间的羽毛和尾巴上醒目的红色斑点。可以肯定，这只啄木鸟不是大啄木鸟。它落在树枝上，不停地、咚咚地啄着树干。我们稍微走近一点儿，它就警觉地飞走了。过了几分钟，它又飞回来，落在同一个树枝上，又开始啄树干。这使我感到非常有趣，当它第三次飞走时，我们已经走到那棵树附近，我开始仔细地在松树下寻找我要找的东西。

啄木鸟喜欢吃长在树干里的昆虫幼虫，《波兰鸟类》一书中介绍说，啄木鸟还非常喜欢吃蚂蚁、毛毛虫或小型鸟类的雏鸟，有时也会吃坚果，或者吃山毛榉、松树、云杉、桃木等树的种子，甚至还有一些小水果。冬季和早春都是很难找到虫子的季节，啄木鸟只能吃松果和云杉种子。它们叨起松果和云杉种子，飞到早就选好的树上，把坚果挤进树皮的裂缝中，啄出果肉，然后将空果壳扔到树下，鸟类专家称这样的地方为"啄木鸟厨房"。接下来啄木鸟再去找另一个坚果，但还会把坚果带到原来的地方，用同样的方法取出果肉吃掉。啄木鸟这样重复3遍、5遍、10遍、100遍、200遍……松树下堆满了松果和云杉种子的外壳。我开始仔细地往树上看，看是否有我们刚才在望远镜里看到的树枝。因为我在这棵树底下，发现了一些被啄木鸟吃剩下的松果壳。这就是说，在我们头顶上的某一个树枝就是这只啄木鸟刚刚待过的地方。现在距离冬天还很远，但是显然啄木鸟已经开始吃松果来摄取养分了。

为了纪念这次和啄木鸟相遇，我们在树下捡了几个松果壳，带回家里。因为，《波兰鸟类》里写道："啄木鸟们不要松果壳，我们要，把松果放在炉子或壁炉里烧火，是非常好的。"

松果及松籽

啄木鸟把坚果塞入树皮裂缝中，啄出果肉，这样的地方叫"啄木鸟厨房"。

在冬季和早春，啄木鸟主要以松果和云杉树的种子为食。

你看到了吗？

嗯……

在树下，啄木鸟留下了一大堆吃剩的松籽壳。

73

秋季树叶色素实验

"爸爸，你是在捡树叶吗？！"伊达和卡茨皮尔惊讶地问道。

"嗯，是啊。"我小声说，"我打算做一个有趣的实验。"

我继续在地上捡树叶，看一看，选一选，然后放入我的衣服口袋里。

这个时节，树叶几乎都变了颜色，虽然有些仍然是绿的，还有一些变成了棕色，可大部分树叶都变成了金色或是红色。我突然怀念起春天和夏天那浓密的绿色，在冬天的脚步缓缓到来的时候，它们换上了另一种颜色的衣裳。为了避免寒冷和干燥对自己的损害，植物大多选择放弃自己的叶子，而落下的叶子埋在大地深处，为树提供足够的养分。

在温暖的季节里，树叶是绿色的，这是因为树要进行光合作用。当天气变冷时，树叶中的叶绿素就会慢慢减少，这时树叶就会变成金色。树叶失去了叶绿素的保护，阳光就可能给树叶本身带来伤害，所以树叶又穿上一件红色的衣裳来保护自己，这就像人们要戴有色太阳眼镜来保护眼睛一样。当叶子快要枯萎的时候，它又会变成棕色。所有的这些变化并不是在同一时间完成，因此秋天的森林里挂满五彩缤纷的叶子，而我们的秋天也变得五颜六色。

这次出来玩之前，我在一本书上读到过一个有趣的实验，说是可以把秋季树叶颜色的变化一次性表现出来，我决定尝试一下。因此在和孩子们散步时，我时不时弯下腰捡一些树叶。

回家后，我按照书里说的，把树叶撕成了小块，放入玻璃杯中，然后向玻璃杯中注入洗甲水，直到淹没所有的叶子。接着又把喝茶用的过滤纸剪成长方形，夹在笔杆上，最后把笔杆架在玻璃杯口处，使滤纸的一端浸于混合有树叶和洗甲水的溶液中。

玻璃杯要在阳台上放一段时间，这段时间里洗甲水会对树叶中的色素起溶解作用，颜色溶解在洗甲水中，然后被滤纸吸收。不同色素在洗甲水中的溶解速度是不同的，所以溶解的色素会从上到下在滤纸上留下一条由不同颜色组成的色带。试验成功了，我们惊喜万分，滤纸颜色真的在变化。

美中不足的是，实验没有像书中写的那么顺利。滤纸上各种颜色混合在了一起，色带的色彩界限不够清晰，尤其是顶端。我倒是没有遗憾，只是伊达和卡茨皮尔根本不接受这个结果。他们对这个好玩的实验很感兴趣，我们决定再进行一次实验，但遗憾的是洗甲水用完了。孩子的妈妈和亚采克都不想让我接着做这个实验，我也没有办法。

实验只能留到未来再进行了，未来并不都是遥远而不可预测的，所以让我们静心等待吧。

秋季树叶色素实验：

（1）把树叶撕碎。

（2）把撕碎的叶片放入玻璃杯中，注入洗甲水（最好含有丙酮），淹没所有叶子。

（3）把过滤咖啡渣的滤纸（或其他用于过滤的滤纸）剪成长方形。

（4）把长方形滤纸夹在笔杆上，将笔杆放在杯口，并使滤纸一端浸于含有树叶和洗甲水的溶液中。

然后会发生什么呢？

75

蘑菇与植物的秘密协议

"爸爸，他们在做什么？"伊达和卡茨皮尔指着不远处的路人，好奇地问道。

在森林里散步时，我们经常能遇到不同的人：有的着急赶路，有的跑步锻炼，有的大声交谈……但是，不远处的那两个人，却静静地、慢慢吞吞地低头走着，好像在地上找什么东西，难怪孩子们会对他们如此好奇。

这个问题看起来很难，但我马上就明白了这是怎么回事，原来他们是在采蘑菇。

这个季节，蘑菇很快就要没有了。蘑菇通常在7月和8月长出来，而在9月就会长出孢子。等到10月几乎就看不到蘑菇们的身影了。

其实，蘑菇并未真正消失，人们采蘑菇采的只是蘑菇的一小部分，它的大部分身体都还在土地下面。生长多年的须子牢牢地抓着土壤，在地里绕来绕去，与植物的——通常是树木的根连在一起，蔓延到远方。

蘑菇和植物完美而又密切地配合着：蘑菇为植物提供水分和微量元素，并提供了植物生长所必须的氮元素和磷元素，保护植物免受病菌感染；植物作为交换为蘑菇提供所需的营养元素。这种交换对双方都有益，很多菌类除了这种办法，再没有其他汲取养分的方法。同样，没有了菌类的帮助，植物也会长得很弱小、易生病。

现在生物学家们有一种大胆假设：大植物可能通过菌类的地下根须将自己的营养传给小植物。这也就解释了为什么在橡树周围，常常会长出很多小橡树。但我要再说一遍，这只是一种假设，目前，还没有证据表明这种假设是正确的。

尽管一种蘑菇可以和几种不同的植物一起并存，互相合作，但蘑菇通常都有自己最喜欢的植物，了解蘑菇习性的人和科学家常常看到植物就知道在这附近长着哪种蘑菇。夏末或初秋，人们会到森林中采蘑菇。因为在这两个季节，蘑菇已经结出无数蘑菇孢子，等到春暖花开，就会有成千上万个小蘑菇长出来。它们的任务已经完成了，我们就可以吃蘑菇了。

"噢耶，我也要采蘑菇！"卡茨皮尔指着一个蘑菇大声喊道。

孩子们看中的那个蘑菇，它的任务也已经完成了，它已经结完了孢子。风会把孢子吹走，把它们带到森林的深处。它们会在那里扎根，长出小蘑菇。

很快，伊达也饶有兴致地开始采蘑菇。人们采蘑菇对蘑菇没有坏处，反而对蘑菇本身，对它们繁殖后代、传播种子有很多好处。

说到菌株，我们不得不提著名的牛肝菌，它是一种特殊的菌株，主要有棕色环牛肝菌、疣柄牛肝菌等，这类牛肝菌被我们称为"毒蘑菇"，它们主要靠吸收森林的有机物质废料（也可以说是树林的排泄物）为生。不过还有一种白牛肝菌，它却是一种不可多得的美味。虽然牛肝菌不与植物合作，为植物传递养分，但是，大自然同样需要它们！

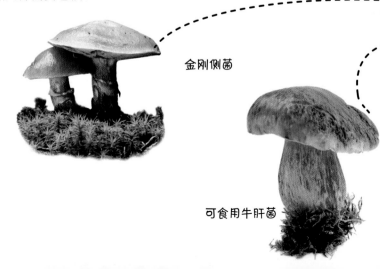

金刚侧菌

可食用牛肝菌

松树蘑的菌根通常与松树的根交织在一起。

桦树菇的菌根和白桦树根交织在一起。

蘑菇在地下繁殖自己的后代。

在地下，菌株与植物彼此连接，为对方的生长供给营养。蘑菇给树木提供水分和矿物质元素，作为交换，植物给菌株提供营养保障。

真菌的果实

红菇

普通牛肝菌

黄斑红菇

黄绿蜜环菌

10月25日

地点：
马佐夫舍
【波兰】

围着树转圈的旋木雀

"爸爸，快看那儿有只灰色的，像麻雀一样的鸟！"卡茨皮尔焦急地对我说，把他看见的鸟儿指给我看。

"在哪儿？我没看见，卡茨皮尔，我没看见你说的那只鸟！"我四处张望，却什么也没看见。

在森林里通常都是我先发现鸟，如果孩子们没有看见，我也会焦急地指给他们看。这次情况却反过来了，是孩子们先发现了鸟。

"在那儿，就是那棵树上。"卡茨皮尔一边用手指着，一边说道，"看！它就站在那个笔直的树干上。"

"啊？它怎么可能站在直立的树干上，这一定是……哦，我看见它了！"我叫道。

只见一只有着灰褐色脊背、白色腹部的小鸟沿笔直的树干自下而上盘旋跳跃着，一边跳跃，一边用微微弯曲的喙敲击着树干。

"这是一只旋木雀。"我对卡茨皮尔说。

在波兰生活着两种旋木雀，一种是林中旋木雀，一种是园中旋木雀。这两种旋木雀都喜欢在树干上生活，在树皮的裂缝和空隙中有很多昆虫、蜘蛛以及其他小生物，旋木雀用弯弯的喙捉出它们，然后美美地享用一顿大餐，不过有的时候旋木雀也会吃植物的种子。旋木雀们通常从树干的底部开始寻找食物，一边向上盘旋跳跃着，一边仔细地检查所有缝隙，慢慢地向树顶移动。《波兰鸟类》中提到过：旋木雀的嘴长而下曲、双腿有力、爪子锋利、尾羽坚硬有力，能够支撑它们的身体，使它们可以舒舒服服地在树干上生活。旋木雀很喜欢树干，甚至把自己的窝建在树干上，在那里孵化鸟蛋和抚养雏鸟。

看名字就知道，林中旋木雀主要生活在森林里，而园中旋木雀主要生活在人类居住地附近的公园中。辨别这两种旋木雀的方法比较简单，就是看它们的外表。林中旋木雀比园中旋木雀腹部颜色更浅，并且喙更短，当然，在森林里人们一般看不到它们的喙。

每到旋木雀繁殖的季节，雄鸟们为了争夺雌鸟的喜爱，会大声啼叫。等到了秋天，繁殖季节过去了，它们又会小声地叫着互相打招呼。现在就是秋季，我们一时无法确定卡茨皮尔看到的是哪种旋木雀，不过很可能是一只林中旋木雀。过了一会儿，我们又在不远处看到了另一只旋木雀。

又过了一会儿，林中聚起了一群山雀，山雀越聚越多，彼此说着话，森林里一片山雀轻柔的叫声。这说明，在林中过冬的山雀很多，它们成群结队，一起在森林中自由自在地飞翔，一起在树木上和灌木中找吃的东西。

当然，不同的鸟类有不同的生活方式：旋木雀沿着树干盘旋跳跃向上，而山雀活跃在枝头。有时其他种类的鸟，比如啄木鸟、银喉长尾山雀等，也会和旋木雀一起找食吃。鸟儿们在一起捕食，比较容易保护自己，避免被天敌捉住。大家团结在一起，互相掩护，一旦有鸟儿发现危险，它就会大声啼叫，发出警告，其他鸟儿也跟着一起啼叫。一会儿这边有鸟儿在叫，一会儿鸟叫声又在另一个方向响起，捕食者最终迷失了方向，不知道去往哪个方向。鸟儿们经常小声地叫着，相互交流着，就像人们聊天一样。这种叫声把鸟群聚在一起，互相招呼对方，一起在森林中飞来飞去，寻找食物。

鸟类在群体中胆子会变得比较大，有时离人比较近，它们也不会害怕。这让毛手毛脚的小孩子也有机会近距离接触它们。有时候，像卡茨皮尔这样的小孩，比大人更容易发现和观察鸟类。

林中旋木雀

主要生活在森林中，腹部颜色较浅且喙较短。

旋木雀适合栖息于树干上，双腿有力、爪子锋利、尾羽坚硬有力、鸟喙长而下弯。

生活于人们居住地附近的公园中，腹部颜色较深且喙较长。

园中旋木雀

我没看见，儿子，我没看见你说的鸟啊……

那里！就是那棵树上。看！它就站在笔直的树干上！

旋木雀沿着树干自下而上，呈螺旋形环绕树干跳跃，从树皮中捕捉无脊椎动物。

第一场雪

"下雪啦！下雪啦！"星期六的早晨，卡茨皮尔刚一起床就大声叫嚷，吵醒了所有人。

"好了，知道了！"我迷迷糊糊地说，"雪肯定是融化了，现在下的肯定是雨夹雪。"

"不，它没融化。爸爸，你去窗户那儿看看，外面有好多雪。"卡茨皮尔大叫着。

被卡茨皮尔缠得没有办法，我爬起来，往窗外看。的确，街道和草坪上盖了一层雪，这是今年的第一场雪。

这场雪果然没有融化，它不仅当天没有融化，而且一连几天都完好地铺在大地上。我们从城里出发，去森林看雪，草地、田野和树木上到处都是雪。许多树枝上还有残留的树叶，雪重重地压在它们身上，一些树枝被大雪压断，散落在道路上。

我有些不明白，今年的雪下得这么早，很令人吃惊，不是吗？

昨天，有一位编辑邀请我写一篇关于秋季天气的文章。我答应了，为此我打电话给气象和水资源管理研究所，找在那里工作的哈琳娜·罗奈斯教授帮忙，顺便向她询问关于这场大雪的事。

教授告诉我，在波兰，这并不是什么稀奇古怪的事情。因为波兰的冬天虽然气候温和但多变，时不时就会出现令人诧异的温度变化或者突然降水。例如在北方地区，不时就会有冷空气到来。如果是夏天，就会出现电闪雷鸣、狂风大作、大雨倾盆的天气。如果是秋天，就会下雪。现在由于全球气候变暖，各地气候很不稳定，变化速度极快。

所以，这场大雪虽然在波兰很少见，但是不难理解。

同时，我们已经习惯了室内舒适的生活：冬天可以供暖，夏天可以制冷。我们可以让自己居住的环境保持恒定的（或高或低的）温度和湿度，但这对于我们来说，不见得是好事，因为有时候，我们忽略了我们生活的地方天气是变化多样的，忽略了大自然是多姿多彩的，我们也没有准备适应季节和天气变化的外套、鞋子或帽子。

想到这些，我真是感到遗憾。好在我的孩子们非常喜欢雪，伊达和卡茨皮尔就是这样，他们现在已经在雪地里玩滚雪球了。

几天过去了，雪融化了，大地上没有留下任何雪的痕迹。看雪是一件很有意思的事情，而多变的天气也让人喜欢。

这是正常现象，波兰的
气候温和但多变。

有时我们会忘记天气是变
化的——应该提前为过冬
做准备。

手套

保暖鞋

帽子

81

树冠上的生物王国

"为什么它们只有顶部是绿色的？"伊达在森林里玩的时候，提出这个问题。

"什么它们？什么绿色？在什么的顶部？"我听得稀里糊涂，没好气儿地问伊达。

"我说的是树呀。"伊达耸了耸肩，指着我们刚刚经过的那棵高大松树。森林里很多树的叶子都脱落了，在那么多光秃秃的树中，这颗仍长满深绿色叶子的松树显得格外突出。

"爸爸你看！"伊达指着松树说，"它们只有树顶是绿色的，森林里的松树都是这样，而树干上却连叶子都没有。"

"因为树木的生长需要阳光。"我机智地回答道，我对自己的学识感到满意，"我们知道，树叶需要通过光合作用来制造养分。而树的下方，阳光很少，所以树木都在顶端长叶子。"

"可那是什么？"伊达向一个方向指了指，问道。

只见在几棵高大的松树中间，生长着一些小树和灌木丛。它们之中有些树的树枝上还残留着树叶。很明显，它们的位置远低于松树树冠。

"嗯，怎么说呢……伊达，"我说，"有些植物适应了底层空间的生活，它们只需要少量阳光就能活下来，所以，这些树生长在较低的空间。在这种情况下，这些树木的生长要困难得多。它们在高大的树冠下发芽，往往经过了好多年，它们长得还是很矮小。直到身边的那颗大树因为某个原因死去倒下，底层的植物才会得到更多的阳光，迅速地长大。当然，这些底层植物互相也存在竞争，身边

的那颗大树倒下后，生长最快的并长出树冠的树就是胜利者，而剩下的植物，就只能生活在它的树影下，或者是自己枯萎死去，或者是等待这个胜利者死去。"

"哦，我明白了。"伊达说道。

我和伊达抬起头，看着松树的树冠，我想起来一本叫《野树》的书。这本书讲述了科学家是如何探索和发现未知的树冠生物王国。科学家们研究了世界上最高的树木之一——北美的红杉，讲述了在这些树冠上（距离地面100米的高空）的各种植被、苔藓和动物是如何生活的。这些生物从未到过地面上，它们就在高空生活。

为了研究它们，科学家们费力地爬上巨树，在树冠中生活了相当长的一段时间。他们用绳索把几颗红杉树连起来，这样，当他们需要从一棵树移到另一棵树时，就不用下到地面，再爬上来。科学家们在树冠里挂上吊床，在里面休息和睡觉。事实上，他们成了树冠居民。

科学家们一共找到了近180种树冠植被，蕨类植物生长在树冠的土壤中，这些土是被风或者鸟带到树上来的。在这些蕨类植物中，还生活着很多种类的蜘蛛、螨虫和水生甲壳类动物。科学家们不明白，这些甲壳类水生动物是怎样获得水源的，那么高的地方，也没有河流或溪水，真让人难以理解。

科学家们在树冠中还惊奇地发现了蚯蚓和小的喜潮湿的两栖动物——蝾螈。蝾螈最初被认为是生活在森林底部层层叠叠的叶子当中的动物，而树上蝾螈还是第一次被发现。科学家们还在树冠里找到了蓝莓，甚至还找到了大黄蜂。

在波兰，还没有听说有人进行类似的研究。我觉得，尽管波兰的树不到100米高，但是，在树木及其树冠中一定隐藏着有意思的、我们不知道的生物世界，要了解这个神秘王国，仅仅研究被砍伐的树木是不够的。我们必须像科学家那样，爬到树上，住上一段时间，让自己成为那个世界的一部分。到那时，我们才能搞清楚树冠生物王国，弄明白所有生活在这个"绿色树顶"中的鸟类、植被、苔藓及其他生物与树之间的复杂关系。

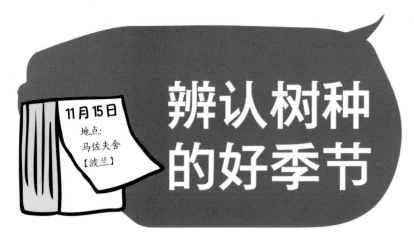

辨认树种的好季节

11月15日
地点：
马佐夫舍
【波兰】

"好了，好了，我知道了，这么尖的叶子只有来自美洲的树才有！"卡茨皮尔不满地嘟囔着。

我试着教孩子们认识不同种类树木的树叶，所以我带着孩子们来到森林。这时的森林到处都是厚厚的落叶，像地毯一样，有这么多树叶，正好可以让孩子们学着辨认树的种类。我拿起了一片又一片树叶，向孩子们解释，每一片树叶都是属于哪种树的，比如枫叶与橡树叶的区别是什么，等等，我觉得这很容易。

但是，当我解释如何区别不同橡树的树叶时，问题来了，不同种类的橡树叶子长得非常像。叶子最有特点的要数红橡木，正如卡茨皮尔指出的那样，它的叶片有着明显的尖尖的叶瓣，而波兰其他橡树的叶瓣是圆形的。红橡木不是波兰本地的树种，而是有人把它从北美洲带到波兰的，现在它们在波兰到处都是，活得很好，这影响了波兰本土橡树的生长。

"爸爸，"卡茨皮尔打断了我的思索，"到底该如何定义一个物种呢？"

"抱歉，卡茨皮尔，我不太明白你想问的是什么。"我回答道。

"就是如何定义物种啊？"他不高兴地重复着。

"你要问的是，用什么来区分物种吗，还是说物种是什么呢？"

"那就算第二个问题吧。"卡茨皮尔想了一下。

理论上来说，这件事儿很简单。物种就是生物家族，家族中每一个生物可以相互杂交，可以繁育出有生殖能力的后代。例如，一株红橡木授粉给另一株红橡木，产生新的红橡木果实。当新的红橡木果实落地、生长，长大后，又可以与其他红橡木繁育出新的红橡木。动物界也是这样，比如公驴可以和母驴生小驴。当然，有驴和马生育后代的事情，这种后代通常被称为骡子。骡子身体强壮、吃苦耐劳，又不挑食。但是，骡子却不能和其他骡子生后代，因为它没有生殖能力，所以，驴与马不是同一物种。

每一个物种都有自己的特点，有的特点从外表就可以区分，也不会有什么中间族群，因此，根本不会把它们混为一谈。这就是大多数科学家依靠其生物外观就可以区分物种，而且绝对不会看错的原因。

夏栎（有柄橡木）、无梗花栎、红橡木……还有它们之间的杂交……

84

生长在波兰的橡树的特点：

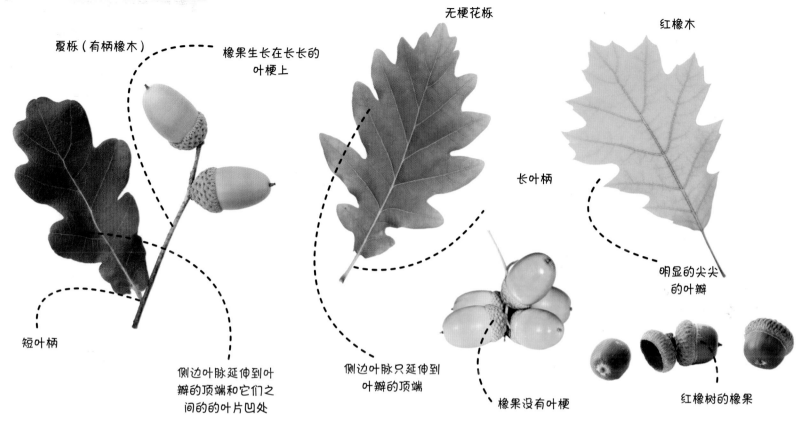

夏栎（有柄橡木）

橡果生长在长长的叶梗上

无梗花栎

红橡木

短叶柄

长叶柄

明显的尖尖的叶瓣

侧边叶脉延伸到叶瓣的顶端和它们之间的的叶片凹处

侧边叶脉只延伸到叶瓣的顶端

橡果没有叶梗

红橡树的橡果

"通常"并不意味着"绝对"，自然界在不断变化，旧物种在不断地消亡，新物种在不断地形成，旧与新之间的物种界限有时不是很清楚。它们通常不会杂交，但是偶尔也会有杂交的情况发生。比如，一些新物种与旧物种生活的地区不同，在正常情况下，它们之间永远都不会碰到一起。但是，如果发生某种特殊情况，两个物种聚在一起了，就会发生杂交，繁育出后代。

现在科技进步了，科学家在分析物种基因时，经常会发现，一些物种十分相近，几乎就是一个物种。生物以一种我们不知道的方法来区别彼此，不会糊里糊涂地杂交，繁育后代。它们利用的是自己的感官吗，可是它们有像我们人类一样发达的感官吗？也许它们是用自己的嗅觉，也许它们是用某种器官识别紫外线，也许是听声音，谁知道呢……

在我们探险的这片森林中，生长着两种橡树：一种是夏栎（有柄橡木），另一种是无梗花栎。这两种本土橡树就给我们在物种辨认上造成了一定的困扰。夏栎在波兰比较常见，无梗花栎相对来说少一些。通过橡果来识别夏栎和无梗花栎是最简单的方法。夏栎果实长有一种叫作"梗"的长柄。而无梗花栎的果实则完全不同，它没有梗。夏栎的叶柄较短，无梗花栎叶柄较长。这两种橡树叶子上都有大主叶脉从叶片的中心穿过，叶脉是长在树叶上的运送组织和有机化合物的脉状结构。除了大主叶脉，还有小一些的侧边叶脉，从主叶脉中心向四周生长。夏栎的侧边叶脉会一直延伸到叶瓣的顶端和它们之间的叶片凹处，而无梗花栎的侧边叶脉只延伸到叶瓣的顶端，没有延伸到叶片凹处。但是，孩子们对这种区别却一点儿兴趣都没有，所以给孩子们解释的时候，我也感觉很困难。更糟糕的是，夏栎和无梗花栎可以互相杂交，生出杂交栎树。这种杂交栎树既有夏栎的特征，也有无梗花栎的特征，如果再有这种栎树的叶子，我们就更加无法辨认夏栎和无梗花栎了。

11 月是学习辨认树种的好季节，还没有下雪，许多野兽已经躲藏起来，成千上万的树叶直接被踩在脚下。我们可以放松地在森林里学习几个小时，来辨认不同的树种。

85

池塘与动物们

"爸爸，人们在这里建池塘，是建对了，对不对？"卡茨皮尔盯着我，期待着我的回答。

"这要看……"我犹豫着说。

"这能有什么不好的呀？"他很惊讶，指着刚被河狸咬过的树干说，"你看，河狸喜欢住在这里，这里还有各种鸟类和昆虫，在这儿建这个池塘不是挺好的吗？"

这次我们要去位于华沙市郊的维拉诺夫公园走一走，公园里有天然湖泊、小溪和人工池塘。整个公园非常漂亮、迷人，野生动物也特别喜欢这个地方。现在是深秋季节，大多数动物们离开这里去遥远的南方过冬了，剩下的只有少数几种动物了。由于很多人喜欢在公园散步，胆小的动物们吓得根本不敢在公园里待着。

这次我们在公园里只遇到了几只野鸭、几只山雀，当然还有几根被河狸啃过的木头。我们搅动水面上的落叶，看了看水中已经枯黄的芦苇，最后，我们谈起了周围的这些波光粼粼的水面。

"爸爸，你曾经说过，人类破坏了沼泽，把水排干，土地变得干涸。这是一个严重的问题，对吗？"卡茨皮尔说道。

"确实。"我点点头，他居然还记得我的话，这让我感到有些惊讶，"人们把很多自然界的土地变成农田，河流渐渐干涸。所以如果可以多建一些湿地，那就能好一些。"

"你看，我说得对吧。"卡茨皮尔兴奋地说着。

"但是，这取决于在哪里建和怎样建。"我继续说，"如果我们在美丽的、天然的环境中挖坑，建池塘，在里面放养一些鱼，这就没有什么意义了。因为所有野生动物都会被我们吓跑的，这时建个池塘的意义也就是人有鱼吃了。而鸟类、河狸和水獭都不会在这个人工池塘里生存，它们不会吃掉里面的鱼群，也不会在池塘的堤道或岸上钻孔打洞，因此，我觉得，这样建池塘没有太大意义。"

"可是，昆虫可以在这种池塘中生活啊。"卡茨皮尔坚持着自己的观点。

"肯定会有昆虫在这个池塘里生活，比如说蜻蜓或者是蝎蝽科的昆虫，但是不会有太多昆虫。"

"在那边的池塘里，还有海狸、鸭子和天鹅。"卡茨皮尔指着周围水面说，"你看，建这些池塘不是很好吗？"

"你说得对。"我只能同意他的说法了。

不要再抱怨了，维拉诺夫公园已经有几百年的历史了。但愿它还能再存在几个世纪，让公园的池塘能给更多人带来快乐。也许像卡茨皮尔一样，他们也会在这里学习观察自然，爱上自然。卡茨皮尔是对的——在这里建池塘的确是一件好事。

野鸭

动物如何过冬？

伊达正在做自然练习册里的填空题，题目要求按照描述，填写这描述的是什么，她想寻求我的帮助，于是大声地给我朗读题目："地球周围大气状况发生变化，这是……"

"是大气吗……"我立刻回答。

"不对……"伊达看看自然练习册，回答道，"唉……这个答案我还不敢确定。"

接着她又开始读下一题："气温下降到 -3℃。"

"是降温吗？"我已经有点儿信心不足。

"也不对。"伊达说，她的话让我感到有点儿不好意思。

我原本以为，作为一个专业的科普作家，我可以轻松地帮她解决小学四年级的自然课练习题。可是我错了，我还真不会做这些题。

"要不……我们看看课本。"我和伊达商量道。

伊达叹了 口气，打开了课本。我给她提了一个好建议。课本中清清楚楚地写着"地球周围大气状况发生变化"就是"天气"，而"气温下降到 -3℃"说的是"霜冻"，填空问题就这样解决了。

第二天，我和伊达、卡茨皮尔一起出门，一出门我们便体验了一次什么是"气温下降到 -3℃"。11 月份的那场初雪已经宣告冬天的到来。但是，之后不久，雪就融化了，气温也再次升高。而现在是 12 月初，到了有"霜冻"的季节。关于"霜冻"，我们在伊达的教科书里学到了很多。

今天，地面的水坑上覆盖了一层透明的薄冰。卡茨皮尔一跃跳了上去，"咔嚓"！脆弱的冰层无法承受他的重量很快就破裂了。

"爸爸，你看他把冰踩碎了。"伊达生气地说。

"没事儿，破碎的冰还会冻住的。"我安慰伊达道。

伊达听我这么说，愣了一下，随后她也一跃跳进另一个水坑里，冰层也发出"咔嚓"一声碎裂了，水坑里的水从冰层碎裂的缝隙中冒了出来。正如我在《滑冰》一章中写的那样，水是一种非常有意思的东西。当它从液体凝固变成固体时，不像其他液体那样体积会收缩，而是会膨胀。因为，冰块占的体积比水大得多，而密度却比水小，所以冬天的池塘、河流或水坑只有表面结冰，而下面的水依然是流动的。水的这个特性，对生活在地球上的生

动物保护自己免受寒冻的各种方法：

（1）昆虫隐藏在阁楼、坑洞和其他较为暖和的地方。

（2）蝙蝠躲在山洞、阁楼和老旧的壁炉里冬眠。

（3）北极地松鼠的体温下降到 -3℃；这种啮齿动物的体液比较特殊，所以即使体温下降到-3℃，它也不会被冻僵。

（4）蟾蜍潜入地下。

（5）老鼠和田鼠躲在雪下。

（6）鱼和青蛙在池塘底部过冬。

物来说非常重要。如果体温降到凝固点以下，动物的体液就会变成冰，膨胀起来。通过一个简单的实验就可以了解这将产生怎样的后果：我们把玻璃瓶装满水，塞上塞子，放在寒冷的环境中。瓶子里的水变成了冰，体积变大了，由于瓶子没有足够的地方来装这些冰，要么塞子被推出去，要么瓶子被胀裂。同样的，动物体温下降，体液就会变成冰，胀裂身体细胞，接着会发生什么我们就可想而知了。

这就是为什么在冬天，动物都竭尽全力地防止体温降低，一部分鸟类和一些蝴蝶会飞到温暖的地方过冬，而一些无法去远方过冬的动物，比如鸡、山雀、鹿和狼等，它们就要在严寒中不断奔跑，试图保持较高的体温。为了做到这一点，它们还必须吃很多东西，但是，冬天里一些动物很难找到食物，所以春天来临之前，有些动物就会因食物匮乏而死去。还有一些动物会躲在相对温暖的地方，如水中的生物就躲在水下最深的地方，虽然那里的温度也只有4℃，但还是高于冰点的。而陆地动物则有的藏在树皮下，有的藏到坑洞、山洞或洞穴里，还有的潜入地下，也有一些动物喜欢藏在雪层下。虽然天气很冷，可是厚厚的雪层像被子一样可以阻隔严寒，躲在雪层下的动物

们就可以度过冬天最寒冷的日子。

还有一些特殊动物，它们可以把自己的体温降到0℃以下。如生活在阿拉斯加、加拿大及西伯利亚等地的北极地松鼠就具有这种本领，它们的体温，就像是霜冻时节的气温一样，可以降到 -3℃。

我的好友扬·泰勒教授告诉我说："理论上，在这样的温度下，北极地松鼠会被冻僵，但事实上北极地松鼠活得好好的，唯一合理的解释就是，北极地松鼠的体液温度可以降到凝固点以下。"

科学家们很难解释，为什么北极地松鼠的体液达到了冰点却并没有变成固体。只能说明北极地松鼠体内有特殊物质，能够防止体液结冰。然而，北极地松鼠还是时时刻刻处在危险之中，一不小心，它就有可能变成冰雕。事实上，大多数北极地松鼠在经历了漫长的冬季后，不仅存活了下来，而且生命状态良好。当春天到来时，它们从低温状态下复苏过来，继续活跃在地球上。可以说，它们是在体温接近冰点的状态下复活。天啊！它们真是一群奇怪的家伙！

12月10日
地点：
马佐夫舍
【波兰】

看脚印识动物

沼泽山雀最爱吃野生啤酒花

"爸爸，小狗的脚印就不用拍照了吧！"卡茨皮尔小声地和我商量着。

"为什么啊？"我惊讶地问道。

"爸爸，"卡茨皮尔说，"大家都知道狗的脚印是什么样子的，还拍它做什么呢。"

我耐心地听他把话说完，但还是忍不住给那排漂亮的小狗脚印拍了一张照片。今天森林穿上了一件厚厚的白色雪衣，动物们从雪上走过，留下了很漂亮的脚印，这让我不能不把它们一一拍下来。

这次我们带了雪橇到森林里玩。最初，卡茨皮尔、伊达和他们的表姐妹们到处乱跑，寻找陡坡玩雪橇。后来他们玩累了，就来到我身边，和我一起寻找动物的脚印。

这场大雪下得可真好，这是一次难得的观察动物脚印的机会。冬天，我们很难看到森林里的动物们，无论是狍子、野猪，还是驼鹿和貂，都见不到了。动物们尽量把自己藏起来，不被人类和天敌发现。白天，孩子们又在森林大声喊叫，动物们就更加不敢露面了。可是下了雪就好多了，厚厚的白雪可以弥补这个看不到动物的缺憾。动物们的一举一动都会在雪地上留下清晰可见的痕迹。我们只要看见其中的几个脚印，就能猜出是哪些动物在活动。为此，我随身携带了一本《动物追踪艺术》，作为我们分辨动物脚印的指南。

当然，森林里最常见的还是人的脚印，第二多的便是狗的脚印。

狗脚印与狼脚印很像。狼走路不像人类走路那样，乱七八糟的，没有章法。狼喜欢集体行动，狼走过的地方，身后的脚印是一条笔直的直线。人们把这种脚印比喻成"鞋带子"。而狗的脚印通常比狼的脚印更小一些，更圆一些。并且关于狗的脚印，我曾经读过一段有趣的描写："狗的后爪不会和前爪落到同一个地方，所以狗走过的地方会留下四个脚印。"

狐狸也是走直线的，不过它们的脚印要比狼的脚印小得多。通常狐狸在雪地里不是走路，而是跳跃。就像《动物追踪艺术》里写的那样，狐狸会留下三个纵向的脚印，每一个脚印都是椭圆形的，看起来有一点儿像狍子跳跃时留下的印记。

这一次野外探险我们也见到了狍子的蹄印，狍子的脚印每一个都不是很大，一共两行，是那种典型的偶蹄目动物的脚印。前蹄印的后边常常会有一个小足印，那是狍子的后蹄留下的印记，而同为偶蹄目动物的鹿和驼鹿的足印则更大一些。相较于狍子的脚印，野猪的后蹄印比较宽，稍微倾斜，与前蹄印不在一条直线上。

突然，在我们附近出现了一群沼泽山雀。山雀们叽叽喳喳地叫着，在灌木丛上空盘旋。它们吸引了我们的目光，我们抬起头，看向空中。山雀正在享用枯树枝上的果子，我们走近一看，发现那竟是野生啤酒花的果子，啤酒花是酿啤酒时需要使用的一种植物。这个时节，一部分啤酒花果子还高悬在枝头，而另一部分已经掉落雪中了。

后来，亚采克哭闹起来，他可能是着凉了，有些不舒服，而我们也该回家了。嗯……以后有时间我们一定会再回到这里，而且要多来几次。在这一片自然天地里，我们总能有事情做，有东西看。正如《林中最后的小孩》一书里写的那样，探索大自然不是浪费我们的时间，而是延长了我们的时间。

出发，去探索大自然吧！

写到这里，也不是结束。在这本书里，我写了和大自然的四十三次约会，这仅仅只是一个开始。我想，世界上任何一个国家都有很多东西值得我们去发现，所以假期的时候，不要待在家里，走出家门，投入大自然的怀抱吧！

去你家附近的森林、水边、草地或者田野，去聆听、感受和观察，在你的脚下、你的身前、你的头上、迷人的大自然里总有一些东西值得你去驻足、流连。

所以，勇敢地出发吧！

93

阅读笔记

图书在版编目（CIP）数据

出去玩吧 / （波）沃伊切赫·米科乌什科著；孙伟
峰等译 . -- 北京：北京联合出版公司，2018.12
ISBN 978-7-5596-2410-9

Ⅰ . ①出… Ⅱ . ①沃… ②孙… Ⅲ . ①自然科学 – 儿
童读物 Ⅳ . ① N49

中国版本图书馆 CIP 数据核字 (2018) 第 172057 号

北京市版权局著作权合同登记号：01-2018-5828 号

出去玩吧

作　　者：【波兰】沃伊切赫·米科乌什科
译　　者：孙伟峰　王　珺　等译
选题统筹：慢半拍·马百岗
责任编辑：楼淑敏
装帧设计：颜森设计·13910562516

北京联合出版公司出版
（北京市西城区德外大街 83 号楼 9 层　100088）
北京联合天畅发行公司发行
北京旭丰源印刷技术有限公司印刷　新华书店经销
字数 80 千字　787 毫米 ×1092 毫米　1/12　8 印张
2018 年 12 月第 1 版　2018 年 12 月第 1 次印刷
ISBN 978-7-5596-2410-9
定价：98.00 元